U0257479

物化历史系列

家具史话

A Brief History of Chinese Furniture

李宗山 / 著

社会科学文献出版社
SOCIAL SCIENCES ACADEMIC PRESS (CHINA)

图书在版编目（CIP）数据

家具史话/李宗山著. —北京：社会科学文献出版社，2012.5
（中国史话）
ISBN 978 – 7 – 5097 – 3235 – 9

Ⅰ.①家…　Ⅱ.①李…　Ⅲ.①家具 – 历史 – 中国
Ⅳ.①TS666.20

中国版本图书馆 CIP 数据核字（2012）第 053027 号

"十二五"国家重点出版规划项目

中国史话·物化历史系列

家具史话

著　　者／李宗山

出 版 人／谢寿光
出 版 者／社会科学文献出版社
地　　址／北京市西城区北三环中路甲 29 号院 3 号楼华龙大厦
邮政编码／100029

责任部门／人文分社（010）59367215
电子信箱／renwen@ssap.cn
责任编辑／周志静　黄　丹
责任校对／韩莹莹
责任印制／岳　阳
总 经 销／社会科学文献出版社发行部
　　　　　（010）59367081　59367089
读者服务／读者服务中心（010）59367028

印　　装／北京画中画印刷有限公司
开　　本／787mm×1092mm　1/32　印张／5.25
版　　次／2012 年 5 月第 1 版　　字数／102 千字
印　　次／2012 年 5 月第 1 次印刷
书　　号／ISBN 978 – 7 – 5097 – 3235 – 9
定　　价／15.00 元

总　序

　　中国是一个有着悠久文化历史的古老国度，从传说中的三皇五帝到中华人民共和国的建立，生活在这片土地上的人们从来都没有停止过探寻、创造的脚步。长沙马王堆出土的轻若烟雾、薄如蝉翼的素纱衣向世人昭示着古人在丝绸纺织、制作方面所达到的高度；敦煌莫高窟近五百个洞窟中的两千多尊彩塑雕像和大量的彩绘壁画又向世人显示了古人在雕塑和绘画方面所取得的成绩；还有青铜器、唐三彩、园林建筑、宫殿建筑，以及书法、诗歌、茶道、中医等物质与非物质文化遗产，它们无不向世人展示了中华五千年文化的灿烂与辉煌，展示了中国这一古老国度的魅力与绚烂。这是一份宝贵的遗产，值得我们每一位炎黄子孙珍视。

　　历史不会永远眷顾任何一个民族或一个国家，当世界进入近代之时，曾经一千多年雄踞世界发展高峰的古老中国，从巅峰跌落。1840 年鸦片战争的炮声打破了清帝国"天朝上国"的迷梦，从此中国沦为被列强宰割的羔羊。一个个不平等条约的签订，不仅使中国大量的白银外流，更使中国的领土一步步被列强侵占，国库亏空，民不聊生。东方古国曾经拥有的辉煌，也随着西方列强坚船利炮的轰击而烟消云散，中国一步步堕入了半殖民地的深渊。不甘屈服的中国人民也由此开始了救国救民、富国图强的抗争之路。从洋务运动到维新变法，从太平天国到辛亥革命，从五四运动到中国共产党领导的新民主主义革命，中国人民屡败屡战，终于认识到了"只有社会主义才能救中国，只有社会主义才能发展中国"这一道理。中国共产党领导中国人民推倒三座大山，建立了新中国，从此饱受屈辱与蹂躏的中国人民站起来了。古老的中国焕发出新的生机与活力，摆脱了任人宰割与欺侮的历史，屹立于世界民族之林。每一位中华儿女应当了解中华民族数千年的文明史，也应当牢记鸦片战争以来一百多年民族屈辱的历史。

当我们步入全球化大潮的 21 世纪，信息技术革命迅猛发展，地区之间的交流壁垒被互联网之类的新兴交流工具所打破，世界的多元性展示在世人面前。世界上任何一个区域都不可避免地存在着两种以上文化的交汇与碰撞，但不可否认的是，近些年来，随着市场经济的大潮，西方文化扑面而来，有些人唯西方为时尚，把民族的传统丢在一边。大批年轻人甚至比西方人还热衷于圣诞节、情人节与洋快餐，对我国各民族的重大节日以及中国历史的基本知识却茫然无知，这是中华民族实现复兴大业中的重大忧患。

中国之所以为中国，中华民族之所以历数千年而不分离，根基就在于五千年来一脉相传的中华文明。如果丢弃了千百年来一脉相承的文化，任凭外来文化随意浸染，很难设想 13 亿中国人到哪里去寻找民族向心力和凝聚力。在推进社会主义现代化、实现民族复兴的伟大事业中，大力弘扬优秀的中华民族文化和民族精神，弘扬中华文化的爱国主义传统和民族自尊意识，在建设中国特色社会主义的进程中，构建具有中国特色的文化价值体系，光大中华民族的优秀传统文化是一件任重而道远的事业。

当前，我国进入了经济体制深刻变革、社会结构深刻变动、利益格局深刻调整、思想观念深刻变化的新的历史时期。面对新的历史任务和来自各方的新挑战，全党和全国人民都需要学习和把握社会主义核心价值体系，进一步形成全社会共同的理想信念和道德规范，打牢全党全国各族人民团结奋斗的思想道德基础，形成全民族奋发向上的精神力量，这是我们建设社会主义和谐社会的思想保证。中国社会科学院作为国家社会科学研究的机构，有责任为此作出贡献。我们在编写出版《中华文明史话》与《百年中国史话》的基础上，组织院内外各研究领域的专家，融合近年来的最新研究，编辑出版大型历史知识系列丛书——《中国史话》，其目的就在于为广大人民群众尤其是青少年提供一套较为完整、准确地介绍中国历史和传统文化的普及类系列丛书，从而使生活在信息时代的人们尤其是青少年能够了解自己祖先的历史，在东西南北文化的交流中由知己到知彼，善于取人之长补己之短，在中国与世界各国愈来愈深的文化交融中，保持自己的本色与特色，将中华民族自强不息、厚德载物的精神永远发扬下去。

《中国史话》系列丛书首批计 200 种，每种 10 万字左右，主要从政治、经济、文化、军事、哲学、艺术、科技、饮食、服饰、交通、建筑等各个方面介绍了从古至今数千年来中华文明发展和变迁的历史。这些历史不仅展现了中华五千年文化的辉煌，展现了先民的智慧与创造精神，而且展现了中国人民的不屈与抗争精神。我们衷心地希望这套普及历史知识的丛书对广大人民群众进一步了解中华民族的优秀文化传统，增强民族自尊心和自豪感发挥应有的作用，鼓舞广大人民群众特别是新一代的劳动者和建设者在建设中国特色社会主义的道路上不断阔步前进，为我们祖国美好的未来贡献更大的力量。

陈奎元

2011 年 4 月

目　录

一　家具发展概说 …………………………… 1

1. 家具产生的社会条件与史前的家具形态 ……… 1

2. 夏商周时期家具的发展 ………………… 7

3. 战国至唐代早期古典家具的基本特征………… 14

4. 五代以后晚期古典家具的发展和繁荣………… 22

二　坐卧用具 ………………………………… 31

1. 早期楚式家具的两件瑰宝——漆木床与

　折叠床 …………………………………… 31

2. 坐具的发展与最早的专用坐具——榻 ………… 36

3. 坐具的进一步发展与椅、凳、墩的出现 ……… 40

4. 明清床、榻例说 ………………………… 50

5. 明清椅、凳、墩类型 …………………… 61

三　承置用具 ……………………………… 77

1. 几、案、俎溯源 ………………………… 77

2. 楚几大观 ……………………………… 85

3. 东吴朱然墓彩漆案、槅与凭几 …………… 94

4. 明清几、案、桌形式及用法举要 ………… 97

四 贮藏用具 …………………………………… 106

1. 先秦贮藏家具的发现 ………………… 106

2. 前蜀王建墓的册匣、宝盝和

银平脱漆镜盒 ……………………… 112

3. 明清箱、柜、橱一览 ……………… 115

五 张设用具 …………………………………… 121

1. 乐器陈设方式谈往 ………………… 121

2. 司马金龙墓漆画屏风 ……………… 134

3. 明清屏、架、台的新形式 ………… 137

后 记 ……………………………………… 146

一 家具发展概说

家具产生的社会条件与
史前的家具形态

家具是现代家庭陈设和日常生活中不可缺少的重要组成部分，其功用已不限于居家生活。在人们的第二活动场所——工作间、办公室、学校，以及与饮食、娱乐等相关的各种公共场合，都有形形色色的"家具"陈设其间，以至于家具本来的含义（家庭用具，主要指木器，也包括炊事用具）已逐渐为人们所忽视。

衣、食、住、行是维持人类正常生活的四大基本要素。尤其是进食和休息，更是人类得以生存的本能。最初的家具也首先表现为人类的坐息用具。它的出现是与人类的居住方式密切相关的，也就是说，要有家具，必须得有"家"，即人类能够居住的"房子"。

那么，人类最初是怎样居住的呢？恩格斯在论述从猿到人的转变过程中明确指出，刚刚脱离动物界的人类祖先——初期阶段的猿人，依然生活在热带密林中，他们是居住在树上的，因为不这样就很难在莽莽荒野、猛兽成群的恶劣环境中生存下来。

这种"栖巢居树"的生活方式，在我国古代文献中也屡有记载。《庄子·盗跖》篇有："古者禽兽多而人少，于是民皆巢居以避之。昼拾橡栗，暮栖（音 qī）木上，故命之曰'有巢氏之民'。"类似记载还见于《左传》、《韩非子》等文献。在这种"树居"阶段，当然谈不上什么家具。

至于人类是何时从树居转到地面或洞穴生活的，确切时间已不可考。据旧石器时代的考古发现看，人类能够利用天然洞穴生活的历史至少已有二三百万年。而人类能够靠自己的双手建造住所的时间却要晚到距今一两万年前。在如此漫长的历史中，不难想象当时居住于洞穴中的原始人类，正像《礼记·礼运》中所描述的，"食草木之实，鸟兽之肉，饮其血，茹（音 rú，吃的意思）其毛，未有麻丝，衣其羽皮。"这里的"衣其羽皮"正说明当时已懂得用树叶、干草、鸟羽和兽皮等来御寒取暖。人们白天将羽皮穿于身上，夜晚则用其铺盖，这些草叶羽皮便成为人类改善"室内"生活的第一步。它们可被视为最早形态的"席褥"，也可以说是人类最原始的"家具"。

随着旧石器时代晚期（公元前 5 万～前 1 万年左右）缝纫和编织技术的出现，人类逐渐掌握了结草成席、缝皮成衣、纳叶集羽成褥等先进工艺，以编织席褥为代表的早期家具便登堂入室了。

这些编织而成的草席、缝制而成的被褥等，经过了人类的进一步改造，已是形体比较固定的坐卧用具。

这类坐卧用具最初也是十分简陋，编织和缝纫方法甚为原始，但不可否认它们已是比较成形的家具了。

及至距今1万年前后的新石器时代初期，原始农业出现了，人类逐渐摆脱洞穴的限制，在适于农耕的大河平原地带相继建起了地穴式、半地穴式的"棚屋"；生活于水泽地带的人们，还总结"树居"经验，在地面或水面之上建起了"干栏式"建筑。这种干栏式建筑遗迹在距今7000年前后的浙江余姚河姆渡遗址中曾有大量发现，其中多数木构件的结合方式已采用了比较进步的燕尾榫、带销钉孔的榫以及两侧向里剜出规整凹凸嵌槽的企口板等。这就为后来木器家具构件的制作提供了技术条件。同时，河姆渡遗址中还发现了不少编织席的实物以及我国最早的漆器制品。席的编织方法已比较成熟，系采用二经二纬的"人"字形交互编织工艺。

另外，有关席纹和其他编织纹的图案在较河姆渡遗址更早的陶器纹饰中也有不少发现。如山东北辛文化和内蒙古兴隆洼文化陶器上便印有人字纹、十字纹等席纹，部分席纹似已采用细篾式的辫子纹织法；同时，北辛文化、老官台文化和裴李岗文化遗址中还发现有类似粗麻布纹的压印陶片，说明当时已出现了原始的纺织技术。

继新石器时代早期文化之后，编织席的实物和席纹陶片等已屡见不鲜。如江苏吴县草鞋山遗址下层居住面上（属于距今6000年以前的马家浜文化）便发现有编织的芦席、篾席和早期纺织物残片，从中可以看出，当时的编织和纺织工艺已十分高超。

除上面所说的草编和苇编实物外，浙江吴兴县钱山漾遗址中（距今约 5000 年）还出土了大量的竹编制品，种类有成层的大幅竹席、篾席、篓、篮、箩、簸箕等 200 余件。竹篾多经过刮光，编织方法复杂多样，有一经一纬、二经二纬、多经多纬的人字形、十字形，同时还有菱花形、格子形等。部分已采用梅花眼、辫子口等较为复杂的编织技巧，展示了当时先进的竹编技艺。

再从史前时代的木器制作来看，与工具、房屋建筑有关的木材加工技术，在新石器时代早期已广泛使用。但因木器易朽、易燃，所以早期木器很难保存下来。属于新石器时代早中期之际的河姆渡遗址木器，是研究我国早期建筑结构与木器加工技术的宝贵资料。在其后的马家浜文化圩墩遗址中，还发现有类似切菜板的原始木器，可以说是最早的"木俎"。当然，在广泛使用陶器制品的史前时代，家具制作毕竟不如陶器来得容易；用石器加工木器，特别是制作出棱角分明、挖榫嵌槽的家具，更要花很大工夫。因此，在生产和生活十分简单、艰难的新石器时代早、中期，人们尚没有能力用比较成形的木器家具来改善室内生活条件，只是偶尔用一块较平的石板或木板等作铺垫来切割肉类或放置食物等。即便是这种简陋的"切菜板"，在当时也并不多见。绝大多数日用器皿还是直接陈设在地面上，陶器的大小、高矮乃至装饰风格等，都是与席地生活相适应的。直到新石器时代中后期，象征着

"死者之家"的木棺与棺床才初见端倪。它们虽不是"家具",但由此可以看出当时已具备了产生木器家具的条件。既然能够为死者置棺设床,生者的床自然不会太差。由距今 6000 年左右的山东大汶口文化部分大墓可知,当时已出现了用原木垒成的"井"字形、"Ⅱ"形等棺椁形式。多数棺椁下铺有棺床,上有椁盖,棺床与椁盖多是用原木或木板排列捆扎而成的。这从另一方面说明,当时的卧具中很可能已出现了最原始形态的"床",即如同棺床一样,先将原木或木板捆扎成"床"的形状,有的在木排两端之下再加以横木,从而使木排离开地面,其上则铺以草束、芦苇,最上面再铺以毛皮、竹席等,这样既可以避免地面的阴冷、潮湿,还可以减少虫害与加强通风。因此,最原始形态的床至少在大汶口文化阶段就已出现了。

到龙山文化时期,少数大墓的棺椁间还出现了边箱、脚箱等,其中山东临朐西朱封龙山文化特大型棺椁墓的边箱和脚箱分别呈长方形、圆角长形、方形及两长边出头的 H 形等。结合棺椁结构看,箱具的板与板之间已较多地使用"穿榫法"和相互咬合的"企口板"。在清理过程中发现,彩绘(漆)木箱的边角十分周正,形体较小的圆角边箱似乎是用整块木料凿挖而成的,因上下挤压在一起,故是箱、盒还是盘(案),需要在以后的清理中进一步辨明。这里暂以箱称之。不过,202 号墓的 H 形"边箱"很可能是一矮足长案。该"边箱"长约 100 厘米、宽约 35 厘米,边部用白彩和黄彩绘出宽 6~8 厘米的边框,案面上绘有红、白、黄色花纹图案。案上放有蛋壳陶杯、骨匕和砺石等物，说明此案系墓主生前的食案（杯用于饮酒，匕用于啖食，砺石用以磨匕等）。

能够说明龙山文化时期已出现典型家具的重要例证还出自山西襄汾陶寺龙山文化墓地。该墓地已发现大量彩绘木器（漆器），主要出自大、中型墓，其中的木制家具主要有案和俎两种。案又分两类：一类为长方形或圆角长方形板状足案，出土时其上主要放有酒器和食器（礼器）。案足为封闭式板状，位于两短边与一长边之间（有的在另一长边中点还设一圆柱状支脚），案长一般在 90～120 厘米，宽 25～40 厘米，通高 10～18 厘米，在案面和案足外壁施红彩，有的案面在红彩地上加绘一周宽 3～5 厘米的白彩边框式图案。另一类为圆台面独足式案（原简报称"几"），一般出土于木俎、陶斝（音 jiǎ）和大型木盘之间，案面直径达 85 厘米，周边有棱，通高 27 厘米。俎均为四足长方形，面板较厚，近两端各凿出两个长方形榫眼，下安宽方足。俎面一般长 50～75 厘米、宽 30～40 厘米，俎高 15～25 厘米。俎上常放有大型石厨刀和猪骨。从陶寺墓地的延续时间来看，早期约在距今 4500 年，晚期约距今 4200 年或稍晚。所出土的家具形态虽显得粗笨古拙，却充分说明了我国漆木家具发展的悠久历史（见图 1）。

此外，在青海乐都县柳湾氏族墓地中所发现的大量"穿榫""加箍"木棺与棺床等，也已十分进步。而在属于屈家岭文化早期的湖北黄冈螺蛳山墓葬中

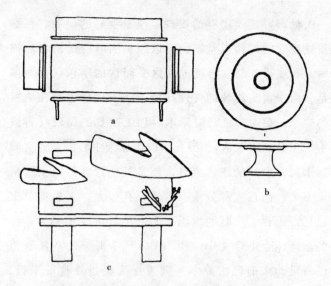

**图1　山西襄汾陶寺龙山文化墓地出土的长案、
圆案（几）和俎示意**

a. 长案；b. 圆案（几）；c. 俎

（距今约5000年以前），则发现有与床相关的已知时代
最早的"石枕"。

这样，必要的建筑、编织技术，加上相应的髹漆、
绘彩工艺等，便为原始家具的发展奠定了基础。正是
在这一历史背景下，史前的漆木、绘彩家具等才有了
初步发展。至商周以后，漆木家具则迅速走向成熟。

 夏商周时期家具的发展

随着华夏文明的出现，中国家具步入了成熟阶段。
这一时期的建筑技术已有很大发展，河南偃师县二里
头遗址、偃师商城遗址、郑州二里冈以及殷墟遗址等

一大批宫殿建筑遗存的发现，便是很好的说明。在那重檐高耸的宏伟殿堂里，可以想见当时的统治者居锦席、衣皮裘、配宝石美玉、执爵而饮的享乐场面。但是，由于黄河流域的气候环境不利于优质木材和漆树的生长，更由于夏商时期木材加工工具的局限（青铜木工工具尚不发达），因此，以中原为中心的夏商文明尚未拥有发达的漆木家具，就是其他漆器的出土数量也不多，而且大部分漆、木器保存很差，木质部分多已朽毁无存。这时的编织类坐卧用具主要还是席。床的形体结合甲骨文中"爿（床）"字形旁的写法看似已有足，床面已由原木排列发展为经过修整的平板，这一点可从殷墟和湖北黄陂盘龙城商代大墓中所发现的雕花棺椁木板得到证明。

尽管夏商时期的漆木家具发现不多，但在建筑、冶铸、玉石加工和装饰工艺等均取得重大发展的同时，漆木器的制作技术和发展条件也已具备。如 1934 ~ 1935 年殷墟侯家庄商王大墓中发现的大型漆木鼓、磬陈设，漆木梁架的设计采用高十字形双座立柱与叠落式双层横梁结构；髹漆绘彩以褐漆作地，朱漆描图，绿彩、白彩勾填花纹；雕刻图案，横梁顶部与纵横梁架上立雕或浮雕饕餮纹、虎纹、夔龙纹及云雷纹等；用各式蚌片、蚌泡和大理石等嵌成虎、饕餮等兽面；大型木腔鼍皮双面悬鼓上有髹漆、绘彩、嵌蚌片与鳄鱼鳞片等。各种工艺手法和装饰材料巧妙结合、灵活运用，展现了 3000 多年前乐器陈设的豪华巨制。另外，1978 年河南偃师二里头早商大墓中还曾出土用红漆髹饰的小木匣，匣内盛有狗骨，显然是用于祭祀的盛敛器具。1984 年，该遗址墓葬中又发现了扁圆形红漆盒和漆觚等。而最能代表商代漆器发展新工艺的还是河北藁城台西遗址中所发现的漆盒、漆盘等。其制作方法为木胎上雕刻花纹后髹红黑两色漆，花纹图案有饕餮纹、夔纹和云雷纹等多种，饕餮的眼睛和眼角处还镶有经过加工的圆形、方形和三角形绿松石。花纹的雕刻手法已比较复杂，颜色搭配十分协调，线条流畅生动，装饰精美雅致。特别值得注意的是，在一件漆盒朽痕上还发现有半圆形金饰薄片。金片正面阴刻云雷纹，背面尚留有朱漆痕迹，说明金片原是贴于漆盒之上的，这同秦汉以后流行的在漆器之上镶贴金银箔花纹的装饰方法如出一辙，反映了漆器装饰工艺的新成就。

在远离中原的南方地区，竹木器的制作工艺也有一定发展。如福建崇安县武夷山区的白岩崖洞中便发现有相当于夏商之际的大型船棺和竹编、木器家具。船棺中设有龟形木案一件（原简报称"木盘"），同时还出有"册"状尸床及尸床上的两片半幅竹席。木案模仿龟的形态制成，龟头上翘，龟身扁圆略呈浅盘状，后附短尾，下有四个矮方柱形粗足，应为祭案。此案通长 59 厘米，案面长 32 厘米，最宽处 21 厘米，案高 16.2 厘米。整体造型古朴生动，融实用性与艺术性于一体。"册"状尸床非常简单，仅用四根竹片平行排列于木棒之上，形成"册"字形，其上再铺以竹席。竹席采用人字纹和十字纹编织工艺，分粗细两种，席面尚有光泽。粗篾席垫于下面，细篾席盖于尸身之上，粗细篾相比约为 2∶1，破篾、刮篾质量及编织工艺均已相当进步。同时，在死者周围还发现有用麻、丝、棉（木棉）纺织而成的织物残片和棕团等，说明当时的纺织技术也已有很大发展。在偏居东南沿海的武夷山区尚能出现如此之早的木制家具和纺编织物，足以说明夏商时期的家具制作和编织技术已有相当进步。

同陶寺龙山文化大墓中的俎、案一样，夏商时期的有足家具也以祭祀、礼仪为主，多是摆放于宗庙祭祀或礼仪场合。特别是商代中晚期以后，由于冶铜技术和翻模铸造工艺的提高，家具的种类、质料和造型特点均发生了明显变化。其中表现最突出的就是铜制家具的兴起。以往的家具研究多是偏重于秦汉以后的漆木家具，其实在家具发展史上，陶制家具、铜制家具以及石制、瓷制家具等都曾取得过很大发展。特别是在先秦时期，陶制家具和青铜家具曾先后成为家具发展的主要形式。正是因为如此，从家具满足于日常生活需要的本意出发，其所用材料如何并不是家具自身要求的固有特性，家具发展有着自身的时代特点和地域风格，是人类对大自然利用能力和改造能力的具体体现。如北方不适于竹类生长，竹器家具自然要少于南方；南方盛产生漆与优质木材，因而南方的漆木家具在春秋以后率先发展起来，而且后来出现的"苏式""广式"等家具制作中心也多是在南方。尽管北方民族缺乏生产漆木家具的有利条件，但他们很早就学会了利用当地盛产的草类和羊毛来编织草席与地毯，用土坯砌成冬暖夏凉的土炕，用石料雕刻成各种形状的台、墩、座等。由此不难理解，在铸铜工艺高度发达的商周时期，上层贵族用可塑性强、精美华贵的青铜来铸造集"器"和"具"于一身的高大青铜礼器。这种礼器的突出特点是普遍施有足或座，其中又以方体四足与方形高座者最典型；造型上皆以凝重浑厚为美，铸造花纹古朴典雅，繁密精细，富有立体感。其与日常用器的最大区别在于主要用来展示铜器所有者的豪华陈设和身份地位。它们只有在祭祀、礼仪和大型宴饮场合中才可以使用，而且是大小有序、成套成列地摆在一起，是代表贵族等级、爵位的陈列重器。这类青铜家具在殷墟和商代方国大墓中屡有发现。如商代二里冈期的杜岭方鼎，殷墟前期的司母戊大方鼎，妇好墓的三联甗（音 yǎn）、偶方彝，等等，都是为祭祀和陈设而专门铸造的贵重"家具"。它们的陈设性质已远大于食器的本义，正如无足的席、板向有足的床、榻，无足食案向有足食案的发展一样，是家具由实用性向陈设性发展的客观规律。

讲究的家具造型来源于人们对美的追求，兽足、高座、加盖、附耳，正是审美情趣趋于高雅华贵的体现，只有它们才配得上当时最为看重的祭祀和典礼等场合，成为配享神灵和祖先的专用器具。这与后来的祭案、祭器等无疑有着明显的相似性，只不过当时是将"器"和"具"合而为一，正像镜与镜台、灯与灯台、钟磬与钟磬架，以及棋与棋桌等分体合成一样，是当时家具的一大特点。

考古发现的商代晚期至西周初年青铜立座（四川广汉）、铜案足（浙江安吉）、铜俎（辽宁义县），以及雕花石案、石俎和方形雕花木磬盒（分别出土于殷墟西北冈、大司空、武官村）等等，在家具造型和制作工艺诸方面也均有明显发展。

西周至春秋时期是漆木家具逐渐兴起的阶段。在春秋中期以前，北方地区的家具造型仍主要表现在青铜用具方面。新出现的铜器家具以四耳方座簋、铸有刖足守门俑的方座鬲、禁、盨（音 xǔ）和簠（音 fǔ）等为代表。其中的方座鬲造型别致，常在方座之上开两扇门，门上铸出守门之刖者（被砍掉一足的人），此刖者即秦汉时所说的"厨门木象生"。厨即橱，或表明这种鬲的方座乃是炊厨、贮藏之所的象征。

在木材加工方面，西周至春秋时期又有进一步发展，铜锯、铜锛、铜凿的普遍增多也充分说明了这一点。板料的结合较夏商时期更为严密，髹漆绘彩工艺被越来越多地应用。小件漆木器的表面多经过磨光，榫卯结构上除更多地使用明榫（穿榫）、燕尾榫和企口拼接外，还出现了嵌槽榫、圆榫、楔钉榫以及十字或丁字交叠榫等。从陕西宝鸡西周时期弪（音 yú）国墓地和春秋早期黄君孟夫妇墓的彩漆棺椁结构及彩漆木板车厢形制看，当时的床之上品应已相当华贵，彩绘漆床在当时应已出现。

有关西周至春秋时期的漆木家具目前已发现不少，其中最引人注目的就是用于祭祀的漆木俎。这种俎在西周和春秋时期都有发现，西周时期的嵌蚌饰漆俎在陕西长安张家坡 115 号墓中出有一件，可以作为商周时期北方漆木家具的重要代表（见图 2）。而春秋早中期的漆、木俎在南方地区出土更多，仅在湖北当阳赵家湖楚国墓地中就发现了 25 件，其中 24 件形体一致，面板均作长方形，中部略下凹，两端薄而微上翘，下有四条方柱足，以透直榫方式插入俎板中。另外一件俎的面板作长方形浅盘状，四周高起，中间下凹，底面近两端各斫出一条凸出的横木，横木上挖有三个卯眼，其下应各安三柱足或一板状足，足已不存。再从赵家湖等早期楚墓所出土的大量漆木器来看，南方地区的漆木家具至少在春秋中期以后已迅速发展起来。尤其是楚式家具的兴起，在战国时期已完全形成了自身特色，对中国早期古典家具走向繁荣起到了巨大的推动作用。

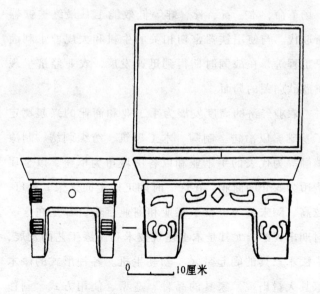

0 ——————— 10厘米

图 2　陕西长安张家坡西周墓地出土的漆俎示意

战国至唐代早期古典
家具的基本特征

　　春秋战国之际是中国由奴隶制向封建制的大转变时期。王室衰微、诸侯争霸的结果导致了生产关系的重大变革，奴隶主政权一个一个地被推翻，多数劳动者在这一斗争中挣脱了身上的枷锁，毫无人身自由的奴隶变成了有部分人身自由的农奴或农民。以小农经济为特征的封建生产关系逐渐成为社会发展的经济基础，劳动者的生产积极性有了很大提高，生产力以前所未有的速度向前发展。同时，铁器被越来越多地使用，其分布之广泛和性能之优越，为经济发展带来了一场革命，木、石、骨、蚌等低效能工具最终被铁器所取代。与使用铁器密切相关的牛耕和大规模水利灌溉工程等，在战国时期得到迅速发展，农业经济呈现出欣欣向荣的局面。

　　农业经济的高度发展为手工业和商业的兴起奠定了基础。以冶铸、制陶、木工建筑、纺织刺绣、制漆雕画等为代表的手工业和以各国城市为枢纽、以金属货币为媒介的商业，在这一时期迅速走向繁荣。鲁班、弦高、陶朱公等一批手工业和商业巨子，都是在这一时期出现的。尤其是木工建筑技术和制漆工艺的发展，为漆木家具的崛起带来了勃勃生机。各种形式的漆木家具大量出现，家具的品种、造型、使用方式、制作工艺和装饰手法等均发生了明显改观。正是在这种形势下，以席地而坐为特点的早期古典家具步入了一个新阶段。

战国至唐是中国封建社会由发展到繁荣的上升时期（封建社会前期），以地主阶级为代表的上层社会在巩固其封建统治的同时，不断追求建筑的高大雄伟和室内陈设的豪华奢侈，与之相应的家具、装饰等亦趋于精美华贵。这一阶段的家具形态取决于席地而坐的传统生活方式，与五代以后流行的高足家具有着很大区别。因此，我们在划分家具发展阶段时，便将战国以后的家具主要分作前后两大段，即以席地而坐为特点的早期古典家具阶段（战国至唐代）和以垂足而坐为特点的晚期古典家具阶段（五代至清）。这两大阶段的家具都经历了从发展到兴盛的过程，在世界家具史上独具特色。早期古典家具的基本特征主要表现为以下几方面：

（1）家具造型上追求低平稳重，简便实用。结构一般并不复杂，边线不求繁缛的变化，没有过多的附件。从最能反映时代特点的床、榻、几、案类来看，因使用方式不同而形成了相当完善的家具造型模式。如承托较大重量的床、榻类在南北朝以前普遍施以低矮的矩形足或板状足，足间流行对称的曲线形托边，这种托边以实用为基础，而不像明清家具中的花牙子主要是为了装饰（见图3a～c）。至于南北朝以后因佛教影响而流行的壶门托泥式方座足（足下有一圈托板，使足不直接着地，称"托泥"；腿足间围成的亚形框，多饰以曲边，称"壶门"），也不失低矮平稳的基本特

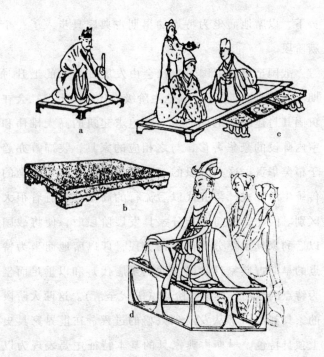

图3　汉唐床榻形式

a、b. 望都汉墓（壁画、石榻）；c. 洛阳东汉墓壁画；d.
唐阎立本《历代帝王图卷》（摹）

点（见图 3d）。而在几、案类的功能和造型方面，庋
（音 guǐ，放置）物几与食案因使用方式相似而趋于统
一，由低矮的柱足、直栅足，很快发展为较高的狐足、
曲栅足；板面也由短而窄的浅盘面、平面，发展为长
而宽大的平面几案和翘头几案（见图4）。至于凭几，
"轻灵简洁"为其本色，由丰富多彩的楚几，发展为两
汉时期的塌腰曲足几、加垫凭几（绨几）和隐几
（膝）、隐囊、夹几（膝）等，魏晋以后还流行三足抱
腰式凭几（见图5）。造型上越来越适合人体结构，显

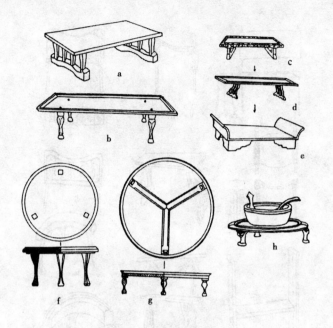

图 4　战国至魏晋几案形式

a. 长沙浏城桥 1 号战国墓长方几案；b. 湖南常德东汉墓长方几案；c. 信阳长台关 1 号战国墓长方几案；d. 武威东汉墓长方几案；e. 洛阳烧沟 1035 号东汉墓长方几案；f. 江陵雨台山楚墓圆案；g. 邗江胡场汉墓圆案；h. 南京象山东晋墓圆案

示了此类家具的不断改进过程。至于箱、柜、屏、架等，这一时期也主要是以低矮、轻便为特点，形体上普遍较后来的同类家具要小。

（2）家具种类取决于它所适应的生活方式。在以席地起居为特征的中国封建社会前期，最主要的坐卧用具是席、床、榻。其中席的种类非常多，早在周代便已形成了"五席"制度；床主要有架子床、折叠床、板床、屏床和带帐大床；榻则分为枰（又叫独坐）、长

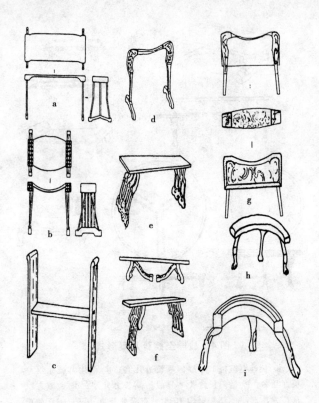

图 5　战国至隋唐凭几形式

a. 战国曲面拱形足几；b. 战国塌腰直栅足雕几；c. 战国
H形几；d. 战国至西汉初人字形足塌腰式几；e. 西汉曲栅足
板形几；f. 东汉折叠式曲栅足几；g. 西汉枕状塌腰式几；h、
i. 东晋、隋三足抱腰式几

榻、连榻和屏榻等（见图 6）。由于当时以平坐、盘坐
和跪坐为主，腰部容易劳累，于是便出现了减轻腰部
压力的"凭几"（一种凭靠用具）。凭几在先秦时期就
已十分流行，尤其是南方的凭几种类更多。几的另一
大类便是庋物几（放置书卷、杂物的矮足家具），它与
最初主要放置食具的案比较接近，魏晋以后的几、案

图6　汉唐时期床榻的主要形式

a.《女史箴图》中的东晋围屏式架子床；b. 东汉画像石
中的带屏榻床；c. 汉画像石中的合榻　d. 郸城西汉石坐榻；
e. 北魏司马金龙墓屏画中的坐枰；f、g、h. 南北朝石刻线画中
的榻、床和斗帐

形制渐趋统一，常常被合称为几案。它们与作为炊具
用的俎一般同归入一类。作为存贮用的家具以箱、柜、
橱、盒（奁）及类似的编织器具笥（音 sì）、箧（音
qiè）、笈（音 jí）等为主，柜与橱的形态较高，其他几
类都较矮小。这一阶段的家具中还有一类挡风隔离用
具——屏。早期的屏主要是小型座屏、板屏和床榻上
的围屏，隋唐时期出现了落地式的折叠曲屏和大型插
屏。另外，用以支撑的家具还有架和台（如衣架、食

19

具架、乐器架及售物台、梳妆台等），此类家具在汉唐时期逐渐流行。至于与上述家具相关的帐、镇、枕、登（登床垫具）和棋枰等，唐代以前也都很常用。而以桌、椅、凳为代表的高足家具，虽在唐代以前即已出现，但数量很少。

（3）家具用料在这一阶段以竹、木原料为基础，普遍采用髹漆工艺；其他质料有玉石、青铜和陶瓷等。后几种质料的家具分别采用了雕刻和铸模技术，各部件之间浑然一体，整体结构古朴凝重，与竹、木家具的轻巧特点判然有别。竹、木家具按制作方式可分为两大类：一是以编织工艺为基础的席、笴、篋等，二是建立在传统木结构制作技术之上的各类竹、木家具。前者在编织纹样和装饰手法上推陈出新，形形色色的单篋、重篋席类以及镶边、加箍的盛器，展现了这一时期编织技术的进步；后者则在榫卯接合工艺及髹漆绘彩诸方面不断改进。榫卯可分为直榫（又叫方榫）、圆榫、十字榫（又叫扣榫）、端头榫、燕尾榫（榫面形如燕尾）、搭边榫、嵌榫（包括嵌条）、子母榫（子母口形式扣合）、槽榫和双缺榫（两构件各挖掉相应的一部分，结合部位不凸出）等。其中直榫又包括透直榫（也叫穿榫、透榫、名榫，榫头贯穿卯件）、不透直榫（也叫半直榫、暗榫，榫头不穿过卯件）两种，其余的榫卯形式也多可进一步细分。同时，在构件连接上还有销钉、铰链（利用轴承原理使两个构件既不脱落又可以折叠）、胶粘和包边（角）等多种构成方式。由于各部件可以分别制作，因而较整体的雕、铸更为简便易行，为家具的批量生产开辟了广阔前景。

（4）装饰工艺在中国早期古典家具中取得了辉煌成就。大致说来有五个方面：一是髹漆工艺。中国的髹漆工艺是举世闻名的，这从战国时期的楚式家具中可见一斑。当时的制漆、调漆、上漆技术均已达到相当高的水平。漆器光可照人，色泽温润纯净，有的历2000多年仍光亮如新。二是绘彩工艺。早期家具的绘彩与髹漆往往不易结合，但战国以后，漆上加彩成为家具装饰的一大特点。彩色颜料以朱砂为主，朱红色是最常用颜色，其他惯用色彩还有黄、白、紫、褐、黑、绿等，多二色或三色并用，纹饰种类很多，富于变化。至于后来出现了在屏风等板形家具上书以诗赋、绘以名画等，都可以说是绘彩工艺的新形式。三是雕刻工艺。家具雕刻是对家具造型的进一步美化，其雕刻手法有透雕、浮雕和线雕等。雕刻图案以动物、花草和几何纹样为主，发展趋势是由写实到抽象。四是镶嵌工艺。家具的镶嵌工艺自商周时期就已出现，西周漆俎上就有用蚌饰镶嵌而成的图案，后来发展为精美的嵌螺钿工艺；家具镶嵌工艺的另一种方式是嵌玉、嵌宝石，后来还出现了剔犀、嵌骨工艺等，多是用于家具中的上品（如玉几、宝箱等）；第三种方式是金属装饰，包括用金、银、铜等镶边包角，嵌以金银饰物（金银错）以及后来形成的金银平脱、金银铜扣和戗（音 qiāng）画工艺等。五是编织、绒绣工艺。以席为代表的编织家具应用非常广泛，其丰富多彩的编织纹样本身就已是一种精美的装饰工艺，至于席面髹漆、

21

绘彩和绣边等，则是对其进一步美化；绒绣工艺在画屏、绣墩等家具上经常使用，是织绣工艺与家具有机结合的产物。

战国至唐代的家具在中国家具史上占有非常重要的地位，代表了中国早期古典家具的发展和繁荣阶段，并给日本、朝鲜等邻邦的家具发展以重大影响。这一时期的家具发展进程又可细分为三个小阶段：楚式家具的流行阶段（战国至西汉初）、早期古典家具的繁荣阶段（两汉至初唐）和早期古典家具向晚期古典家具的转变阶段（中唐至五代）。一、二与二、三阶段之间都有一个普及过程，前一个普及过程是从南向北，后一个普及过程是从西向东；普及方式主要是从上层到下层、从城市到乡村；文化、宗教传播对家具普及起到了极大的推动作用。

4 五代以后晚期古典家具的
发展和繁荣

晚期古典家具是以垂足而坐的高足家具为特征的。这一起居习俗的改变经历了很长过程。它是在中外文化不断融合的背景下，在经济和社会生活迅速发展的基础上，自上而下逐渐完成的，其中最急剧的变革时期是中唐以后到五代结束。这一时期的家具出现了兼容并包的新局面，传统家具与外来家具相互渗透，开放的社会机制为家具的优化发展提供了十分有利的条件。而当时的风俗习尚、宗教观念和文化背景等，则成为影响家具发展的主要因素。

唐代是中国封建社会的鼎盛时期，经济、文化高度发达。统治阶层为追求享乐大兴土木，在当时的长安、洛阳等大都市，兴建了一座座宏伟的宫殿、寺院、皇家园林、地主庄园等，以至从事匠作、园艺、百工细巧和商贸的人数空前增加。同时，开放的社会环境吸引了大量的外来文化，许多外国商人和佛教僧侣在长安、洛阳等地长期定居下来，他们的生活习俗对汉文化起着潜移默化的影响，尤其是在当时上层社会求新求异心理的驱使下，"穿胡服""坐胡床""习胡乐"已成为他们追求的时尚。以垂足而坐为特点的"胡式"起居方式便率先在宫廷、都市中流行开来，并很快向周围地区扩展。到晚唐五代时期，高足家具已普遍为汉民族所接受，而且在家具制作上与传统工艺有机地结合起来，逐渐形成了自身特色。这样，以桌、椅、凳为代表的新型家具渐渐取代了床榻的中心地位，席地起居的生活方式逐步过渡为垂足起居的生活方式，从而完成了中国家具史上的一次重大变革。

经过唐至五代时期的家具变革之后，形形色色的新型家具在出土实物、绘画和雕刻作品中不断涌现，高足家具在宋代已成为家具发展的主流。这时的家具，功能更加齐全，品种更为丰富，传统的凭几、矮足案、几和地面坐席等已逐渐被淘汰；造型新颖的高桌、高案、靠背椅、交椅、凳、墩和与之相应的高足花几、茶几、盆架、书架、衣架以及橱、槅等已成为室内陈设的重要组成部分；传统的床、榻、箱、柜和屏风类也趋于高大，居住环境更为开阔，起居方式和日常生活均发生了很大改观。高足家具在元代进一步发展和完善，明式家具中的罗锅枨、三弯腿和鼓腿膨牙等形式在元代均已出现，带屉桌也是这一时期的新形式，宋代出现的太师椅（圆交椅）到元代则更为流行。

在宋元两代400余年发展的基础上，明初的家具造型、制作工艺和用料等已形成了雅、俗两大系列。这两大系列在清代又有所发展，并通常将前一系列为代表的明式家具与清式家具合称为"明清家具"。明清家具在我国古代家具发展史上占有极其重要的地位，这不仅因为它有着鲜明的时代特色和丰富多彩的地区风格，在家具功能、造型结构、制作工艺和装饰手法等方面也均取得了辉煌的成就，形成了中国晚期古典家具空前繁荣的局面。这一时期的家具集数千年家具艺术之大成，是古代劳动人民在长期实践中智慧的结晶。

明式家具，包括明代和清代前期的主要家具制品，是中国晚期古典家具发展的黄金时代，这一时期的家具在总结宋、元家具制作和装饰工艺的基础上，进一步创新和发展，逐渐形成了自身特色。明式家具不仅用料极为讲究，而且在造型和装饰工艺上十分注重艺术性和科学性的有机结合。它以简洁明快、典雅柔美的造型风格和精湛的装饰、雕磨工艺，在中国古代家具史上独放异彩，成为传统家具艺术的划时代标志，并在世界家具体系中独树一帜，达到了那个时代的最高水平，并被国外学者誉为东方艺术的一颗明珠。

明式家具之所以取得了如此辉煌的成就，除继承并发展了宋、元时期的家具制作技术和经验之外，还与当时的时代背景有关。明中期以后，商品经济进一步繁荣并由此导致了资本主义生产关系的萌发，大城市与园林建筑迅速发展，社会生活与文化教育发达，扩大对外通商和开发南疆地区带来了大量优质木材，这些共同促成了室内家具向高档、典雅和精美的方向发展。当时苏州、北京等地相继出现了商业性的家具制作中心，为家具的系列化和工艺型生产提供了极为有利的外部环境。明式家具也正是在这种环境中逐渐成长起来，从而使家具的时代风格和区域性特点日趋明显，形成了相对稳定的家具生产流派。

明式家具的用料主要分硬木和柴木两大类（不包括民间所常用的杨、柳、桐、桦、椴等普通木材）。硬木通常以花梨木（尤其是黄花梨木）和紫檀木最常见，其他还有铁力木、鸡翅木（又作鸿鸂木或杞梓木）、乌木和红木等，均属于名贵木材；柴木一般以榉木（又称椐木）、榆木、梓木、樟木、楠木等较多见，属于中硬性木材。上等的明式家具主要采用稀有的花梨、紫檀等硬木做原料，因这类木料十分昂贵，故在设计制作时惜木如金。不仅用料讲究，而且做工精细，每一块材料都是在深思熟虑后才动手制作，件件堪称艺术精品。因此，人们在欣赏明式家具时，不仅为其优美的造型和素雅的装饰所折服，而且常常惊叹于它的用料简洁和精确。这种典型的明式家具在当时主要出自苏州地区，形成了明式家具的典型风格（见图7）。至于一般平民家庭所用的家具仍以本地生产的柴木和软性木材为主。

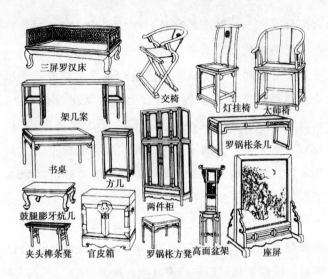

三屏罗汉床　交椅　灯挂椅　太师椅
架几案　罗锅枨条几
书桌　方几
鼓腿膨牙炕几　两件柜
夹头榫条凳　官皮箱　罗锅枨方凳　高面盆架　座屏

图 7　明式家具的艺术风格

在家具结构方面，由于花梨、紫檀等木质十分坚硬、细密，色泽、纹理优美，强度高、韧性大，因此用这类木料制作的家具可以采用小构件拼接和精密的榫卯工艺，装饰上可以像玉石一样雕刻与打磨，是充分展示木作加工艺术的极好材料。同时，家具制作者在设计家具时还十分注重功能的合理性与多样性，造型上则力求比例尺寸既符合人体生理特点，又不会影响家具形体结构的典雅优美，实用性与艺术性有机结合。在线脚的运用上则力求简练明快，收分有致。柱、枨、边、角和牙条等皆以圆滑匀称见长，不求过多的雕饰。边棱起线和打洼手法被广泛应用，有束腰的鼓腿膨牙在桌、案、床、凳上十分常见。榫卯的结合技巧非常娴熟，比较有特点的如格角榫、综角榫、抢角榫、托角榫、抱肩榫、夹头榫、勾挂榫、走马榫、穿带榫、销钉榫、盖头榫、穿鼻榫及各种形式的穿、挂、套楔榫等，传统形式的明、暗榫和燕尾榫等仍很流行。

明式家具在装饰风格上亦很有特点：硬木家具很少髹漆，装饰手法简洁明快，没有过多的镶嵌、包贴和雕饰，多是将外表打光烫蜡，重在突出木色和纹理，效果与髹漆家具相比别有一番风味；柴木、软木类家具除髹漆、包镶外，更善于起线、衬面和施以简练的花牙、雕饰等，造型工艺和装饰纹样浑然一体；各种形式的牙条、花边或券口等，不仅起到了装饰美化作用，而且还可以承托重量、增强家具的稳定性。至于明式家具中所用的五金饰件和雕刻、包镶工艺等，也在很大程度上体现了当时的时代特色。如金属部件多做得十分灵巧精致，每个部件都有着独到的实用性和艺术性，其中最常见的有拉手、合叶、包角和扣锁等，多用白铜或黄铜加工而成，不仅每个部件自成一体，而且各部件之间搭配协调，往往能与深色的木质和纹理形成高雅醒目的图案布局，收到意想不到的艺术效果（见图8）。在雕刻、包镶工艺方面，明式家具则避繁就简，图案布局简明疏朗，雕刻手法灵活多变，包贴嵌接精细严密，在取形、配色和视角艺术的运用上十分精到。

清代初期的家具制作基本上继承了明代的工艺风格。造型上仍崇尚线条的简洁洗练，素雅柔美，没有过多雕饰。因此，在家具分类上仍属于明式家具范畴。

康熙以后的家具制品，以乾隆时期最典型，之后逐渐走向衰落。清式家具虽在用材上与明式家具基本一致，但在造型风格和装饰特点等方面已发生了明显

27

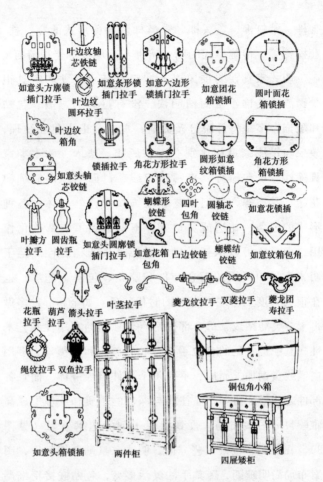

如意头方廓锁插门拉手　叶边纹轴芯铁链　如意条形锁插门拉手　如意六边形锁插门拉手　如意团花箱锁插　圆叶面花箱锁插

叶边纹圆环拉手　叶边纹箱角　锁插拉手　角花方形拉手　圆形如意纹箱锁插　角花方形箱锁插

如意头轴芯铰链　蝴蝶形铰链　四叶包角　圆轴芯铰链　如意花锁插

叶瓣方拉手　圆齿瓶拉手　如意头圆廓锁插门拉手　如意花箱包角　凸边铰链　蝴蝶结铰链　如意纹箱包角

花瓶拉手　葫芦拉手　箭头拉手　叶茎拉手　夔龙纹拉手　双菱拉手　夔龙团寿拉手

绳纹拉手　双鱼拉手　铜包角小箱

如意头箱锁插　两件柜　四屉矮柜

图8　明清家具饰件形制及其布局方式

变化。即在做工上追求华丽、繁复，用料粗壮、厚重，崇尚宽大舒适；装饰上则极尽雕磨、镶嵌之能事，广泛利用传统和外来艺术，图案布局求新求异，艺术性已远大于实用性，木作工艺在家具上的运用可以说是到了登峰造极的地步。这一特点以当时的广州地区最为典型，家具制作上极重雕工，并明显受到了外来文化艺术的影响，端庄、厚重、富丽堂皇（见图9）。另外，苏州和北京地区的家具制作亦各有特色。前者更多地保存了明式家具的遗风，但在家具装饰上也趋于

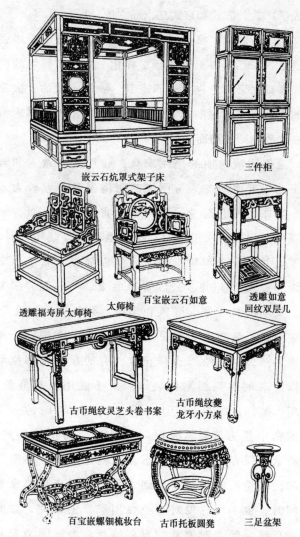

三件柜

嵌云石炕罩式架子床

透雕福寿屏太师椅

太师椅

百宝嵌云石如意

透雕如意
回纹双层几

古币绳纹灵芝头卷书案

古币绳纹夔
龙牙小方桌

百宝嵌螺钿梳妆台

古币托板圆凳

三足盆架

图9 清式家具的造型及装饰特点

29

豪华，雕刻和镶嵌工艺明显增多。后者受广州地区的影响很大，主要为宫廷和王公贵族所崇尚。除苏式和京式外，广式家具在规模和影响上一度超过前两者，形成了广式、苏式和京式三家鼎立的局面。

至晚清以后，家具发展的地方性特点有不断增强的趋势，家具用料上也趋于多样化。如山东潍坊的嵌银丝家具、云南的嵌大理石家具、浙江宁波的骨嵌家具和湖北谷城的根雕家具等，家具发展出现了异彩纷呈、欣欣向荣的局面。

至于明清时期的民用家具，在用料、做工和装饰工艺等方面均与通常所说的明清家具有着较大差别，如在用料上很少采用价格昂贵的硬木，而普遍以廉价实用的松、柏、榆、槐、楸、杨等制作家具；做工上并不一味求精求美，而是以简便、省工、实用为尚；造型上也多是以普通的桌、椅、凳、床为主，豪华的几、案、屏风和坐榻、架格等很少见于一般家庭；装饰上则难见华贵的珠宝、金银等，而普遍髹漆，也常绘以吉祥花纹，有的在显著部位则施以简练的雕刻图案作装饰。由于民用家具廉价、实用，装饰风格更近于大众化，因此在当时的中下层家庭中甚为流行，是民间家具发展的主体形式。这类家具保存下来的虽然不多，但在一些中小型墓葬和民俗绘画中却经常见到。在研究明清高档家具的同时，也不可忽视对这类民用家具的研究，如此才能正确反映当时家具的发展特点，展示明清家具的全貌。

二 坐卧用具

 早期楚式家具的两件瑰宝
　　　　——漆木床与折叠床

　　在我国家具发展史上，坐、卧用具始终占有突出地位。特别是在高足家具兴起以前，"席地而居"是基本的生活方式，席、床、榻等便是应这种需要而产生的基本的家具形式。有关早期阶段的席，前面已谈了不少。这里要说的是与席密切相关的床。

　　床是继席之后出现的主要卧具，同时也兼可坐息。《说文解字》云："床，安身之坐者。"《释名·释床帐》谓："人所坐卧曰床。床，装也，所以自装载也。"床上一般均铺席，其质量较一般筵席要好，又称"床席"。为防床席的边角翘起，后来还常在席的四角压以"镇"。镇起初多用玉石制成，后又出现了铜镇、瓷镇等。床的出现是对"席地而卧（坐）"生活方式的进一步改善。先秦文献中有关床的记载已比较多见，如《诗经·小雅·斯干》有："乃生男子，载寝之床"；《孟子·万章上》有："舜在床琴"；《战国策·齐策》

有："孟尝君出行国，至楚，献象牙床。"传说中床的历史更早，如明代董斯张《广博物志》卷三十九就引有神农氏作床，少昊始作簀（音 zé）床（细竹篾席铺的床），吕望（姜太公）作榻等早期传说资料。而在商代甲骨文中，床、病、疾、梦等分别写作"𠂤"、"𤕫"、"𤕫"、"𢄿"，它们均有侧立的床体形象，说明床的出现至少要在商代以前。

从考古发现看，盛敛死者的"尸床"或"棺床"早在新石器时代中晚期阶段就已出现，但用于坐卧的真正意义的床，却要晚到春秋以后。目前发现的两套最早、最完整的床均出于南方楚墓中。一套出自河南信阳长台关 1 号楚墓，长 2.182 米、宽 1.39 米、通高 0.613 米，为带有方格状床栏的木结构架子床（见图 10a）。床体比较矮，四角及两长边中间置有六足，足高 0.19 米。足部透雕成对称的卷花形托肩，下有长体兽形座，上有斗式方托，斗中间出一方柱状榫。床体由四边框及中间一横两纵形床桄组成，均用整条方木制作，边框与横向床桄十分厚重，皆采用穿榫法套接；床栏分四层，由粗细两种条木穿插而成，前后两侧留有可上下床的踏口。这套床通体髹黑漆，在床体外侧的黑漆之上还绘有连续的红彩回形图案。整体造型稳重，色调鲜明，制作工艺十分精美。部件结合方式除穿榫、暗榫（方榫）外，还有搭边榫、落槽榫和嵌榫（扣榫）等，已是床类家具中的成熟形态。此床出土时上面铺着竹条编排的床屉，屉上又铺以竹席，席上放有竹枕。其中所发现的六条竹席皆用青竹篾（即《尚

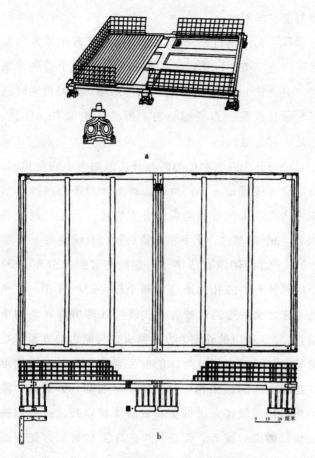

图 10 战国漆木床与折叠床示意

a. 河南信阳长台关一号楚墓出土的战国彩漆木床；b. 湖北荆门包山二号墓出土的战国折叠床

书·顾命》所说的"笫席"）编织而成，篾条光亮细腻，编织工艺精湛，图案布局匀称，均镶以绢边。结合该墓所出的雕花漆几和彩绘漆几等来看，此与《周礼·司几筵》中所记载的诸侯应配几、席制度比较一致，从而说明《周礼》、《尚书》等所记载的周代几、席制度当属不虚。

另一套床出自湖北荆门包山二号楚墓中，为已知最早、最完美的折叠床（见图 10b）。该床上叠压着草席（共六床），草席之上有一床丝绵被。床架出土时已散乱，其东侧放有一捆竹帘。折叠床由床身、床栏、床足三部分组成。

床身分为左右对称的两部分，形制大小完全相同。每部分都接近正方形，由四边框架和两条横向的方木床枨构成。床侧边的两端凿有方形卯孔，在距两端各约 23 厘米的部位，上下凿出错向扣合双缺榫（呈 Z 字形），上边内侧凿有浅槽，外侧凿有等距离分布的 31 个床栏插孔，插孔内侧还有两个较大的栏柱孔。床侧边与床之前后边通过铰合方式连接（即可以转动的单层接口），铰口的外端为方形榫头，与侧边的方形卯孔套接；另一端直接成为床的前后半边，并以搭边榫形式与床中间的过梁相结合。从床身的结合方式看，除方形榫接、铰接、搭榫接和双缺榫接以外，还有圆榫插接、槽榫嵌接等。而在两半边床身做好后，还要通过将一边过梁的钩状栓钉钩入另一边过梁卯孔中的方式来将两部分床身组合起来。

床栏的外形与长台关一号墓的床栏比较相似，但结构方法明显不同。如在前后踏口处采用了阶梯形外延方式，更便于上下床。在床栏用材上则是把竹、木料有机结合起来，纵、横穿接，拐角或折叠部位主要用半圆形竹片穿接。结合方式除穿榫、搭榫外，还采用斜口胶结黏合以及藤皮捆扎等方法。四面床栏可折叠在一起，十分轻便。

床足分两种：四角为曲尺形足，中部为长条形足。曲尺形足的结构与其上部床身相对应处一致，即采用方榫套合与铰接形式。床身与足座之间皆是以九根木柱支撑，木柱上粗下细，两端嵌入相对应的卯孔中。其中连接上下铰孔的立柱兼有折叠轴的作用。位于中部的长条形足结构与曲尺形足相同，只是无铰无折，位于中间过梁下的立柱突出床身边搭榫之上，起固定过梁的插头榫功用。

整个床体拼合后全长 220.8 厘米、宽 135.6 厘米、通高 38.4 厘米，其中床栏高度为 14.8 厘米，较前一床栏明显要矮。该床通体髹黑漆，漆色光亮如新，足部未经磨损。其折叠方法是：先将过梁两侧的四根床杻拿下，再将过梁间的钩栓取出并提下过梁横板，而后将分开的前后四段床边分别向里转动以与两侧的床边贴合。这样，整个床体便被折叠起来。

经过对床侧竹帘的整理和修复，确认此竹帘乃铺设于床上的床屉，床屉之上再铺以草席（蒲席?），然后铺丝绵被。

包山二号墓的年代相当于战国中期前后，比长台关一号墓晚了近一百年（前者属于战国早中期之际）。这两墓所出土的漆木床与折叠床应主要属于卧具，与后来出现的坐具——榻有明显不同。两床均以轻便简练见长，铺床屉而不加床板，具有良好的通风透气性能，因此应同属于凉床系列。在床体造型方面，两床皆有床栏，床下均由六足支撑，床的主要构件基本上都是采用榫卯形式结合，体现了建筑技术对床具制作的重要影响。

楚人向以制作漆木器著称，这与当地盛产生漆和多种优质木材的天然条件是分不开的。因此，早期家具，尤其是漆木家具在楚地率先兴起，也就不足为奇。但是，在距今2300多年以前的战国早、中期，床具制作能有如此精湛的技艺和巧妙的设计，却不能不令人为之惊叹！由此也显示了我国古代先民的高超智慧和独具特色的家具制作工艺。

坐具的发展与最早的专用坐具——榻

"席地而坐"对于现代人来说是很不习惯的，因此，每当提到坐具时，人们总要想到椅、凳、墩。但是，椅、凳、墩并不是自古就有的。日常的坐息用具，在我国曾先后经历了坐草叶羽皮，坐席（褥），坐床（炕），坐榻，坐墩、凳、椅等几个不同阶段。它们的发展脉络较之其他家具更为明晰，各个时期的坐具分别代表了我国先民在各个时期的基本起居形式。正因为如此，坐具便成为家具发展史上历时最久、品种最多、也最富于变化的一大类。

最早的成形坐具是席，它出现的时间在我国至少已有8000年。新石器时代中晚期，席类编织工艺已相当成熟。不仅编织材料和编织技巧丰富多样，而且加工工艺更为精良。到商周时期，席还被统治阶级列为维护其等级、礼仪制度的一项重要内容。不同质料、颜色和工艺形式的席在使用时有着严格规定，陈设方式上也按等级身份而各有不同。

继席之后的坐卧用具是"床"以及人工堆砌的"土炕"。它们出现的时间约在新石器时代中期前后。从目前所发现的典型床类实物看，年代一般多在春秋以后。其中年代最早、最完美的两件床分别见于战国时期的信阳楚墓和包山楚墓（见图10）。当时的坐床姿势，与坐席并无不同。无论是跪坐、盘坐、躺坐（箕踞）或是靠坐等，人们的坐姿仍是足不下垂，股不离席。西周以后，前两种坐姿被统治者规定为附和礼仪的正式形式，在待客、上朝等公共场合中皆要信守；后两种坐姿因不合礼仪而被限定于私家闲居等比较随便的场所，否则就被认为不礼貌。与这些坐姿相应的坐具则普遍以低矮、宽平为特点，体现了席地起居方式对家具形态的深刻影响。

席与床兼具坐、卧功能，这是早期家具一物多用的共同特点。到战国中晚期，随着经济和社会生活的发展，席的变化已不能满足上层贵族追求享受的需要。因为席无论怎样改进，总不能更好地显示出统治阶级的高贵来，其质料（如竹、草、芦苇等）决定了它自身的局限性。而处于上升阶段的几、案类，这一时期则逐渐向高和宽大方面发展，与低矮的席越来越不相称。至于床，虽可在其上坐息，但它毕竟还是睡觉的主要用具。不适于摆在礼仪、宴席、会客等场合，而且形体过于长大，不便移动。在这种条件下，比床小，比席高，有别于几、案的一类新型家具——榻，便应运而生了。

榻就其功用和形制而言与床是比较相近的。许慎《说文解字》中就直接释榻为"床也"。刘熙《释名·释床帐》说得更具体："长狭而卑曰榻，言其榻（塌）然近地也"，即比床显得窄长而矮小者称为榻。有些文献对床与榻的大小尺寸甚至还作了明确规定。如服虔《通俗文》云："床三尺五曰榻，板独坐曰枰，八尺曰床。"这里提到另一种坐具"枰"。《玄应音义》（又名《大唐众经音义》，唐·玄应高僧撰）卷四曾引《埤苍》："枰，榻也，谓独坐板床也。"《释名·释床帐》云："枰，平也；以板作之，其体平正也。"又云："（榻）小者曰独坐，主人无二，独所坐也。"这里的"独坐"即指枰。因枰上只能坐一人，故又称"独坐"。这种独坐式小榻一般比较尊贵，多为主人或位高、年长者所坐。可见，汉魏时期的床、榻、枰大小依次递减，形制接近。

矮榻如同席子，在榻上或跪坐，或盘坐，或"箕踞"（两腿向前平伸，坐形如箕状）；其上还可放置凭几、手炉、书卷等。榻前则多置食案或书几，主要用于会客、宴饮、办公等场合，与主要用于睡卧的床有所不同（后者逐渐退入卧室中）。那么，最早的榻出现于何时呢？《庄子》中曾记有"与王同匡床"。《商君书》也有"人君处匡床之上而天下治"之语。这里的"匡床"皆指坐具，而从"与王同匡床"一语可知，此处的"匡床"很可能即是长体矮榻。因为在汉代以前，尚未发现有主客共"床"而非"榻"的现象。床可坐但不是会客之所。榻的出现正是适应了这种需要。如这一推测不误的话，则榻出现的时间至迟不会晚于战国中期。

目前所发现的榻时代多偏晚。其中最早的一件为石坐榻，20世纪60年代出土于河南郸城县竹凯店的一座砖室墓中，时代属于西汉后期（见图6）。该坐榻系青色石灰岩雕刻而成，平面呈长方形，四角有曲尺状足，长87.5厘米、宽72厘米、高19厘米。榻面刻有隶书一行："汉故博士常山大（太）傅王君坐榆（榻）。"《说文》中无"榆"字，《广韵》盍部云："榻，床也，吐盍切。榆，同上。"是榆即榻字。此榻形制在东汉画像石中亦多有发现，漆、木质实物也屡有出土，是当时比较流行的坐具。此坐榻的大小与《通俗文》所记榻的尺寸相当接近（当时的三尺五约合现在84厘米左右）；而且其自身亦曰"榆（榻）"。这就为研究秦汉时期床榻类家具的形制区别和定名等提供了宝贵资料。

此外，较前一石坐榻略晚的江苏仪征胥浦101号西汉墓中，则出有一件木坐榻，榻面由两块长方形木板拼接而成。木板两端凿有两排方形卯眼，与板下的托楞及足相通；足与板面系采用透穿榫套接，足之侧面呈⊓⊓形；榻面相邻两侧设有围板，转角处以90°角直榫相接，一侧围板较宽，另一侧围板上端压一扁木条，与围板之上的榫卯相嵌套，起固定围板作用。此榻长114厘米，宽90厘米，通高26厘米，也应是独坐式榻。其相邻两侧的挡板或表明已较早期坐榻有所发展（东汉沂南画像石上的此类挡板已发展为典型的床屏与榻屏）。而该榻出土时上面所陈放的木凭几、小漆箱以及榻侧的漆案、盘、耳杯、奁和木俎等，则是死者生前家居情形的很好写照。这对研究当时坐榻、凭几和食案等的使用方式以及印证文献等都是非常难得的实物资料。

榻在汉魏时期极为流行，尤其在汉代画像中非常普遍。除独坐式榻（方者为枰）以外，亦常见合榻、连榻等。比较尊贵的榻常在背后及侧面设屏，这种带屏的榻在魏晋以后的绘画作品中也能见到（见图3、图6）。其中的长榻在南北朝时期开始向宽、高发展，使用方式亦趋于多样化。榻上不仅可以放置供数人用餐、会客的樽、案、凭几等，还可以弈棋、弹琴和书画。这种榻在北齐《校书图》的校书画面中有一例，其上除坐有四人校书外，还备有凭几、隐囊（一种可供靠倚休息的皮囊形软体用具）、食具、文具和长琴等，而且显得绰绰有余。榻的用材在汉魏时期已不限于漆木，石榻、陶榻乃至铜足榻等都已出现。专用于坐具的榻在隋唐时期开始减少，尤其是独坐式方榻（枰），至五代以后已很少见到，床、榻的分工亦越来越明显。

坐具的进一步发展与椅、凳、墩的出现

椅、凳、墩皆属于垂足坐具，即坐于其上时两足可以自然下垂；它们与席、床、榻类坐具的区别是十

分明显的。这类垂足坐具在中国的出现，可以说是西方尤其是古地中海文明影响的结果。椅和凳的早期形式多是由"胡人"（汉、唐时期对西域和北方等外来少数民族的称呼）以及佛教僧侣传入的，造型上与西式高足坐具并没有明显区别，最初也并不为汉民族所接受。随着西方文化的不断渗透和僧侣、胡人的大量移居内地，部分"胡式坐具"逐渐赢得汉人的喜爱，并在经济文化较发达的大中城市和与胡人杂居的西北部地区率先为少数汉人（尤其是佛教信徒）所使用。其中最早出现于汉文化中心地区的"胡式坐具"有带靠背的椅、绳床、交足斜支的胡床（交床）和腰鼓形坐墩等。受这些高足坐具的影响，到唐代初期，以"席地而居"为主的汉文化生活方式开始出现了划时代变革：各种矮足家具逐渐为高足家具所取代，开放的社会环境和不拘旧俗的社会意识打破了陈腐礼制的束缚，使更为自然的垂足高坐形式不再被认为是非礼的行为，从而为桌、椅、凳、墩等新式家具组合的形成奠定了基础。到中唐以后，家具的陈设格局和造型特点已发生了明显变化，以"垂足高踞"为代表的新式起居方式逐渐成为家庭生活的主流，传统家具的发展出现了生机勃勃的新局面。

（1）椅。我国最早的"椅子"实物出现于汉代的西域地区（大致相当于今天的新疆维吾尔自治区），是中西文化传播的纽带。据《斯坦因西域考古记》记载，今新疆和田县的尼雅古城曾发掘出一把保存较好的汉代木椅。其形制为靠背椅，"椅腿作立狮形，扶手作希腊式的怪物"，"雕刻的装饰意境都是印度西北边省希腊式佛教雕刻中所常见的"。显然，这把木椅很可能是佛教信徒或胡人用物，而并非是汉代工匠所做（见图11a）。

图11　汉唐时期椅子的形式

a. 尼雅木椅（东汉）；b. 敦煌 275 窟靠背椅（十六国）；c、d. 敦煌 285 窟的"绳床"与扶手椅（西魏）；e. 陕西长武昭仁寺北周坐椅；f.《萧翼赚兰亭图》中的禅椅（初唐）；g、h. 敦煌 196 窟的靠背扶手椅（盛唐）；i. "绳床"（《大乘比五十八图》）（唐）

至于椅子在中原内地的出现，应同佛教传播有关。椅子之"椅"本作"倚"，取其倚靠之意，因多为木制，故又写做"椅"（椅本是树木名，《说文》释做"梓"，与梓木和楸木比较相似）。南北朝隋唐时期，椅子随佛教而逐渐传入中原，后来又进一步影响到民间。"倚子"改称"椅子"当在中晚唐以后。佛像中最早的椅子形象见于十六国时期的敦煌雕塑中（第 275 窟），交脚弥勒菩萨坐于双狮座形靠椅之上，脚下各有一圆台形脚踏。这种靠椅形象仍明显具有印度风格，说明当时并未被汉文化所接受（见图11b）。出现于佛教壁画中的外来椅形象还有"绳床"，即一种座面与靠背以绳穿织的扶手椅。这种椅比较轻便，主要为行脚僧人所用，其与交椅和"胡床"的区别在于不能折叠。如属于6世纪中叶的敦煌285窟壁画中（西魏）便有禅定比丘坐一"绳床"的形象（见图11c）。这种绳床在唐代已比较多见，文献中也屡有记载。中唐以后，绳床的形体出现了分化，一种绳床的座面变长，靠背斜支并与座面连成一体，从而发展成后来的躺床或躺椅（见图11i）；另一种绳床的座面和靠背逐渐由穿绳而变为加以竹木板，形制上已与直扶手靠背椅趋于统一。这种"绳床"在民间更多见，尤其是南方地区的竹制绳床更适用于一般家庭。关于绳床的具体形状，《资治通鉴》注引程大昌《演繁露》谈到交床（即胡床）与绳床的区别时说得很明确："交床、绳床，今人家有之，然二物也。……绳床以板为之，人坐其上，其广前可容膝，后有靠背，左右有托手，可以搁臂，其下四足著地。"可见绳床与直扶手靠背椅的形状是基本一致的。

直扶手靠背椅在敦煌北魏佛教造像中已经出现（见于北魏251、260和437窟等），但造型多仿西式，扶手和靠背粗重，与后来的木结构扶手椅显然不同。类似的扶手椅在初唐阎立本《萧翼赚兰亭图》中曾绘有一件，为辩才和尚所坐，其形象仍具有明显的外来风格（见图11f）。而到中唐以后，这种椅的汉式特点则越来越明显，如在敦煌晚唐196窟所绘的扶手靠背椅形象中。搭脑、扶手之下的支柱顶端均绘有比较清晰的托斗形状，这是椅子汉化的明证（见图11g、h）。

至于圆搭脑圈椅和无扶手的汉式靠背椅，在唐至五代的绘画中也比较常见。两宋时期还相继流行了直搭脑靠背椅、曲搭脑靠背椅和交椅（太师椅）等（见图12）。

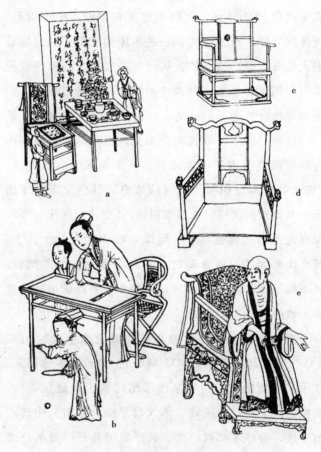

图12　宋代椅子的形式

a. 金代虞寅墓壁画中的直搭脑靠背椅；b. 宋画《蕉荫击球图》中的交椅；c. 托泥宝座椅；d. 禅椅；e. 曲搭脑扶手椅

（2）凳。凳子是后来出现的一个词。在魏晋以前只有"登"，即登床之具，如同后来的脚踏。如《释名·释床帐》就说："榻登施于大床之前、小榻之上，所以登床也。"成书于东汉的《说文解字》中尚无"凳"这个字。但晋人吕忱撰《字林》一书则已有"凳"字，并释为"床属"。估计这种"凳"应是榻登的新名称。其用不在于坐，而在于登床或在其上放鞋等。张骞通西域之后，特别是东汉时期西北各少数民族的不断内迁和频繁通商等，把不少西域民族的生活用物带入了中原，其中在文献中屡被提到的坐具便是"胡床"与"胡坐"。

有关胡床、胡坐的最早记载见于东汉。如《后汉书·五行志》有："灵帝好胡服、胡帐、胡床、胡坐。……京都贵戚皆竞为之。"由此可知，胡床、胡坐传入中原的时间最晚应在东汉灵帝之前（168～189年）。在当时的西都长安等，这类坐具的传入或当更早。

胡坐在后来的文献中涉及不多，形制不太明确。敦煌北魏257窟壁画中曾绘有两胡人同坐于一交脚平板之上，从图上看这种坐具似可折叠（见图13a），或即文献中所说的"胡坐"。而胡床却在战争和日常生活中越来越多地被使用。

《三国志·魏书·武帝纪》注引《曹瞒传》，曾提到公元211年曹操西征遭马超袭击的一幕："公将过河，前队适渡，超等奄至，公犹坐胡床不起。"

南梁庾肩吾所作《咏胡床应教》诗云："传名乃外域，入用信中京。足欹（音 qī）形已正，文斜体自平。临堂对远客，命旅誓出征。何如淄馆下，淹留奉盛

45

图13 早期的胡坐与胡床示意

a. 敦煌257窟胡坐（北魏）；b. 北齐《校书图》中的胡床；c. 唐李寿墓线雕仕女胡床；d. 敦煌420窟武士坐胡床（隋）

明。"其中的第二句是说"足交叉斜立时床形则正，床绳斜绷时人体则平稳"。这种胡床形象在北齐《校书图》中描绘得十分真切（见图13b）。

而有关胡床更详细的记载则见于《资治通鉴》胡三省注引《演繁露》："交床（即胡床，隋文帝时改称交床，唐代或称逍遥座）以木交午为足，足前后皆施横木，平其底，使错之地而安。足之上端，其前后亦施横木而平其上，横木列窍以穿绳绦，使之可坐。足交午处复为圆穿，贯之以铁。敛之可挟，放之可坐；以其足交，故曰交床。"

有关这种胡床的形象资料还见于陕西三原县唐李寿墓石椁线雕侍女图和敦煌 420 窟坐胡床的武士壁画等（见图 13c、d）。

从文献和实物形象资料中可以断定，胡床与今天的"马扎"应是同一种坐具。这种胡床不仅可以折叠、活动，而且携带方便，故宋人陶谷在《清异录》中赞其"转缩须臾，重不数斤"。它对后来交足椅、凳的出现都有着重要影响，是外来坐具中历时最长，并且唯一未作明显改动的家具制品。

正是由于垂足而坐习俗的影响，高足家具不断增多。床、榻、凳（榻登）的形态也不断增高。一种长板形的床前凳——板凳，便随之产生了。其形态最初也比较矮而粗壮，且很少用于坐。板凳作为坐具主要是同桌子配合使用的，后来成为民间茶肆等广泛使用的一类坐具。

凳的另一种形态是"杌"，俗称"杌子"。杌最初并不是坐具，如《说文》释"兀（杌）"为"高而上平"。《集韵》释"杌"为"木短出貌"。由此可知杌原本是一截高平的木头，民间称其为"木墩子"。杌用于坐息应与木工劳动等有关，起初是民用的非正式坐具。后来人们把形体瘦高而座面平整的有足凳也称做"杌"（因其颇像无枝的秃树干）。如北魏贾思勰《齐民要术·种桑柘》云："春采者，必须长梯高杌，数人一树，还条复枝，务令净尽。"隋唐以后，杌的造型和制作工艺已趋于精美，成为区别于板凳、条凳的"杌凳"。其座面或圆或方，有的还特意做成月牙形、椭圆形；座面下设三足或四足，腿足常雕作云头状或如意状，有的还在面板与腿足间雕有披水牙子或券门牙子，有的则将腿足包金嵌玉。这种杌凳在唐宋文献和绘画作品中经常见到，使用规格比坐墩要高贵。如《宋史·丁谓传》记载："丁谓罢相，入对承明殿，（帝）遂赐坐，左右欲设墩。谓顾曰：'有旨复平章事'。乃更以杌进。"这说明当时对杌和墩的等级区别是十分看重的。明清时期，杌凳的称指范围更广，不少地区把高足长凳称"条杌"、"马杌子"。近人黄侃在《蕲春语》中亦云："今语谓断木为四足，上平无倚者，皆曰杌凳。"可见这时的杌凳已是除折叠凳（马扎）之外各种无靠背坐具的统称。

在谈到杌时，还有必要说一下"马杌"。马杌最初是专为上下马而制作的一种杌凳，这种马杌的早期形态主要呈方杌形，是为早已不再骑马的达官贵族设计的。它出现的时间也可能早到唐，宋代以后流行开来。如宋人钱世昭著《钱氏私志》云："贤穆有荆雍大长公主牌印，金铸也。金鞍勒，玛瑙鞭，金撮角红藤下马杌子。"此处的下马杌子即是马杌，其做工与装饰已非常华贵。这种马杌在宋画《春游晚归图》中描绘得很具体。马后侧一侍从肩头所扛的正是马杌（见图14）。从明代以前的马杌造型看，其与方凳（少数为圆凳）并无明显区别，墓葬中所发现的扛马杌俑形象也充分说明了这一点。明代以后，马杌的形式逐渐增多，功能上则并不专为上下马，民间通常把四足呈八字形外撇的高凳、长凳类也称做"马杌"、"马杌子"，是比较常见的普通坐具。

图14 宋《春游晚归图》（摹绘）中的马杌

（3）墩。墩与凳的功能相同，同属于无靠背坐具。但墩的形状在我国古已有之，只不过在相当长的时期内并非正式坐具。"坐墩"是随着垂足坐具的兴起而改制的，其本身并不是胡人之物。墩的外形似鼓，故又称"鼓墩"。其中以圆形鼓墩最多见，早期佛教造像和壁画中还流行一种秀高的细腰鼓墩。这种细腰鼓墩自十六国时期至隋唐皆为佛教中上等人物的主要坐具。敦煌隋 420 窟"法华经变相"部分的细腰鼓墩数量不下 20 处，均为佛或菩萨所坐。而从鼓墩的制作材料来看，又有石墩、木墩、铜墩、竹墩、藤墩、绣墩和瓷墩等。墩用于坐，与杌差不多，唐至五代时期的绘画与雕刻中已常有坐墩形象。其在家具中的地位要低于椅、杌，前述丁谓拒坐墩便是一例。但这种情况在明代以后有所改变，四开光墩、瓜棱墩、绣墩及藤墩等也广为上层社会所喜用。

 明清床、榻例说

床、榻发展到明清时代，二者在造型与功能上的区别更趋明显。由于垂足生活方式的普及和家具分工的明细，以桌、椅、凳为中心的家具组合逐渐取代了床榻的统治地位。床已作为专用卧具退居到内室，形制上也越来越封闭和完善，如床、帐结合而成的架子床，床、帐、踏廊结合而成的拔步床等。榻在明清时期已不流行，严格意义上的榻（指较床矮狭且主要不是供睡卧用的榻）多是仿古式的高档家具，已非一般家庭所常用。其中新出现的一种榻因其颇像一尊端坐的胖罗汉而称之为"罗汉床"或"罗汉榻"。罗汉床一般形体较大，长度多在两米左右，宽 1 米上下，造型上与带围屏的单人小床或现代的沙发床比较相似。

因其能够睡卧常称之为罗汉床。其实这种罗汉床更多地用于坐息、会客及办公等，其上一般放一矮几，几上常置茶具、香具或书卷，几的两侧铺设坐褥、隐枕（功能与隐囊类似），主要放于厅堂、书斋等高雅场合，从用途来讲仍属于榻类，是一种极为考究的坐卧两用家具。较罗汉床小而窄的则称"罗汉榻"或"弥勒榻"，它是一种专用的靠背坐具，与椅子的功用基本相同。其中最典型的就是通常所说的"宝座"或"龙墩"，它比罗汉榻还要小，但比太师椅要宽，座面两侧常放有隐枕，足座一般较罗汉榻要高，做工更加精美华贵，一般只有皇帝才能坐，王公府邸的殿堂里通常也有，但规格与皇帝的宝座有所不同。这种宝座在故宫和承德避暑山庄中都有陈设，通常位于正殿明间的中心位置，其后设有屏风、宫扇，两侧配以香几、仙鹤等，显得异常威严庄重。至于把睡卧用的带屏板床称做"榻"的说法，则是由于习惯和方言不同，正如把坐卧兼用的炕床称做"床"而不称榻一样，它们其实主要是放于卧室之中的，与榻的本义相左。

明清时期的床榻实物传世较多，大致说来有架子床、拔步床、罗汉床与罗汉榻、板床与板榻、宝座等类型。

（1）架子床。其做法通常是四面攒边装板，下有四足；床四角立柱（有的在前面床门两侧另加两柱），柱顶加盖，这种盖的前身便是汉魏时期的床帐，俗称"承尘"。因此，架子床是床与床帐相结合的产物。其顶盖四周一般装有楣板和倒挂牙子，有的柱间还加有横栏；除床门外，床面四周装有围栏，多是用小木料以榫卯形式拼接成各种几何图案。因为床上立有带盖的架子，故称之为"架子床"。这种床多在外面围以幔帐，更增强了床内的封闭性。

北京故宫所藏的一件明代"月洞式门罩架子床"，系用黄花梨木制作的典型明式家具。床面长247.5厘米、宽187.8厘米、通高227厘米。此床在王世襄《明式家具的品》一文中被列为"秾（音 nóng）华"品的代表。床上有四立柱，柱间施床围，顶部为装有楣板的承尘，前面则做成月亮门洞，是架子床中做法比较复杂的一种（见图15a）。此床门罩分三扇拼成，上半为一扇，下半左右各一扇，连同床围及顶盖的挂檐均用小块木料加工成四簇云纹（四组如意状），其间以十字连接，拼接成大面积的棂子板，在前面中部留出椭圆形的月洞门，图案紧密精致，以相同的四方连续图案排列其间，整体效果醒目匀称，并无繁琐之感。床身采用高束腰形式，束腰间立短柱，分段嵌装绦环板，浮雕花鸟纹。牙子雕草龙及缠枝花卉。挂檐的牙条雕云龙纹。整体做工精巧别致，典雅华贵。床屉用棕绳作底，上铺以藤席。棕屉和藤席的做法是在大边的里沿起槽打眼，把棕绳和藤条的头用竹楔嵌入眼内，然后用木条盖住边槽，保持床面的整齐美观。这种床屉富有弹性，在南方至今还很受欢迎。而北方因气候条件的关系，人们喜用厚而软的铺垫，床屉也就多用木板制成。这件架子床属于明式家具中的豪华类型，体现了工细、华贵的造型风格，具有很高的历史和艺术价值。

图 15　明清架子床与拔步床示意

a. 明式月洞门罩架子床；b. 明式"卐"字围衣罩架子床；
c. 清式"毗卢帽"架子床；d. 明式拔步床

明代架子床的结构、造型和装饰风格等以轻巧多变见长，如"卐"字围衣罩架子床（见图15b）、团花围衣罩架子床、如意形花围架子床和带门围的架子床，等等。

清代康熙以后的架子床与明式架子床已有很大不同。首先是用料上由普遍采用黄花梨木而改为更多地使用紫檀和红木；其次是造型结构趋于华丽繁复，装饰图案上更重雕工，床围、挂檐和门面上的图案多采用透雕方式，顶盖正檐上还时兴加悬匾额（又称"毗卢帽"）的形式，床下则流行封闭式的床柜。床柜有的采用"两头沉"的做法，即两侧各有一封闭式屉柜，中间空出，有的则采用全封闭形式。整体制作绚丽精美，件件都是难得的艺术品。

如北京故宫所藏的一件清式紫檀架子床，不仅所用紫檀木料粗壮精良，形体高大，而且在四足、床柱、围栏、牙板及上楣板等部位全都雕镂出繁缛华丽的云龙花纹，在床顶之上则安装有近 40 厘米高的紫檀木雕云龙纹毗卢帽，工艺相当复杂精美。此床有束腰，鼓腿马蹄足，膨牙作壶门状。床面以上立六柱承顶，整体造型既玲珑剔透，又恢宏壮观，给人一种庄严华贵的感觉（见图 15c）。

上述紫檀架子床的制作需耗费相当大的人力、物力，装饰上较明式架子床更为复杂、华贵，充分体现了清式家具用材厚重、崇尚华丽的装饰与雕工的特点，与明式家具用料简洁合理、造型朴素大方的特点形成了鲜明对比，是清式家具鼎盛时期的代表作。

（2）拔步床。这种床的造型比较奇特，俗称"凉床"，外形看似把架子床安放在一个木制平台上。平台长出床的前沿二三尺。平台四角立柱，镶以木制围栏，有的还在两边安上小窗户，使床前形成一个小长廊。长廊两侧可以安排桌凳等小型家具，用以放置杂物。这种床形体很大，床前有相对独立的活动范围，虽在室内使用，却宛如一间独立的小房子。这种家具在南方比较常见。床架的作用是为了便于挂帐子。

德国学者艾克在《中国花梨家具图考》中著录的一件黄花梨木拔步床，是 20 世纪初流散到国外的明式家具珍品。从其造型、结构特点来看，制作年代不晚于清初。该床下有台座，上有顶盖，通高 227 厘米、进深 208 厘米，床面长 207 厘米、宽 141 厘米。在平台四角立柱，其间嵌装木制围栏。平台伸出床前约 67 厘米，形成廊庑。床身结构为带门围子的无束腰六柱床，四足落在平台上，马蹄形足内翻，腿足间素牙条作壸门式。床及廊庑的柱间均以小木条攒接成"卐"字形围栏。顶盖及廊庑的挂檐均施以绦环板，开海棠式镂孔（俗称"鱼门洞"）。顶盖及木台均由软木制成，地板攒边；台座有束腰，台下以十二个内翻的矮式马蹄足承托（见图 15d）。

从这一件拔步床的整体制作工艺来看，其用材颇为奢侈，主要框架均施以厚重的方材，边沿起线挂檐，造型简洁明快，在明式家具中极富特色。拔步床的传世品不如架子床多，形体以高大、宽敞见长，具有大木作的梁架结构，由这类床略可窥见中国古代建筑技术对于家具制作的影响。

（3）罗汉床与罗汉榻，即左右和后面装有屏板但不带立柱顶架的一种床榻。其与架子床的主要区别就在于床上有无立柱的架子。罗汉床的常见形式有三面围板式和透雕棂格状围屏式两大类。前者是在床的两侧及后面安以整块的挡板，是最简单、最常见的一种形式，其前身就是汉魏以来一直流行的三面围屏式大床；后者的床屏多用小木料及花牙子攒接或拼合成棂格状的围面，安在床上如同栏杆，在明式罗汉床中也是一种很常见的做法。罗汉床的屏板一般较矮，足的突出特点是做成内翻的马蹄或出肩的三弯腿形式，而且床身与腿足间多有束腰。严格来讲，放于暗间或卧室中的"罗汉床"与传统形式的围屏板床差别不大，三面栏围平齐，主要用于休息，从造型到功能更具有床的特点；而放于明间或厅堂、书房里的罗汉床则比较富有情趣，通常是将后背床屏做成山字形，两端床屏递次做出阶梯形软圆角，形成错落有致的结构，也更适合于不同位置的凭靠。这种罗汉床上多放有矮几等，主要用于会客、闲居和办公，应是榻的发展形势。

艾克《中国花梨家具图考》中著录的一件"'卐'字围屏式罗汉床"（见图 16a），代表了明式罗汉床的典型形式。此床系用黄花梨木制作，长 204 厘米、宽 94 厘米、座高约 46 厘米、通高 80 厘米。床之背面与两侧安装有三扇"卐"字形棂格式围屏，后面一扇略高，与两侧扇以暗榫相接。床身高束腰，下接内翻马蹄的方柱足。床下沿与腿足间围成壸门洞，并雕出一周凸起的条边。床面在宽边内侧打槽，再用边条和销钉将棕屉和藤席固定在床上。由于此床采用软屉，因此使用起来既舒适又凉爽，在南方地区更为流行。同书著录的另一件"五屏式罗汉榻"，则应是明末清初的制品。此榻以老花梨木制作，榻面长 199.5 厘米、宽 125 厘米、高 55 厘米、通高 108 厘米，在明式同类家具中是相当大的一件。榻面后背与两侧围以五块屏板，屏板均采用起边喷面形式，中间一块最高，向两侧依

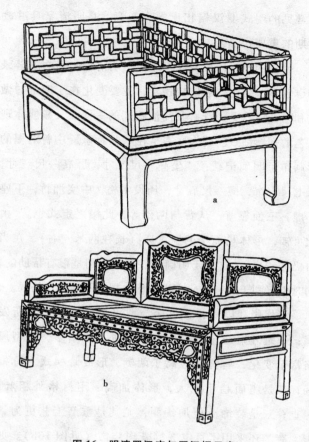

图 16　明清罗汉床与罗汉榻示意

a. 明式"卐"字围屏罗汉床　b. 清式百宝嵌屏背透雕罗汉榻

次递减，侧面两板仿扶手椅的扶手式样做出一定曲率，十分便于凭靠。榻面起槽加屉。榻身有高束腰，腰下采用多层叠涩（又叫托腮，如同佛教中的须弥座）。榻腿作拱肩鼓腿加内翻马蹄的罗汉腿形式，其间围成壶门洞。该榻以造型和流畅挺劲的线条取胜，用材和做工十分讲究，整体色调古雅庄重，不加任何其他装饰。

与常见的明式罗汉榻相比颇有新意，是明清家具过渡时期的重要作品。

传世的罗汉床或罗汉榻不少，明清绘画与文献著录的也较多，结构一般比较稳定，主要变化在于围子的做法和雕饰工艺上，既有其简洁疏朗的一面，又颇能体现工艺的娴熟细致。明人文震亨在《长物志》中曾对榻的形制作了明确记载："坐高一尺二寸，屏高一尺三寸，长七尺有奇，横一尺五寸，周设木格，中实湘竹，下座不虚，三面靠背，从背与两傍等，此榻之定式也。"由此可知，形体长而窄的罗汉床（长在两米左右），在当时仍称"榻"，这对于明确床、榻的区别是很有帮助的，同时也有利于进一步研究当时床、榻的不同陈设格局。

清代康熙以后，罗汉床与罗汉榻的形式又有所发展：一是五扇乃至七扇屏的床榻进一步增多，造型风格富于变化，后背明显高于两侧，形成阶梯式对称格局；二是座面趋于宽大，形体加高，用材格外粗壮、厚重；三是装饰上更加华丽，尤其是雕磨工艺更为繁缛，有的还采用了百宝嵌等豪华装饰（见图16b）。如原陈设于清代怡王府内的一件紫檀蝠磬纹大罗汉床，便是乾隆年间的代表作。此床流传到民间后被萧山朱翼盦（即庵）先生收藏，后捐献给国家。床面长220厘米、宽130厘米、座高58厘米、通高138厘米。床围作五屏风式，各扇围屏均以透雕的蟠螭纹（俗称拐子纹）作地，衬托出铲地浮雕的委角长方形绦环板，其上镂雕精美的蝠磬流云纹饰。床围正中的一扇上部雕刻成涌起的巨大云头，形成搭脑（托首）。两侧围屏的外框高低起伏，错落有致。床身有束腰，下接三弯腿外翻马蹄足，是罗汉床的常见形式。但此床足下有托泥，床沿下边雕有云雷纹花牙子，床面再配以有束腰内翻马蹄足的矮几。整体制作古色古香，颇具情趣。此床用料讲究，做工精美，是清式家具鼎盛时期的精品。它与明式罗汉床相比，在床体造型、尺寸、用料和雕饰工艺诸方面均突出地反映了上述三大特点，是一件研究明清家具的不同风格的难得的实物资料。

（4）板床与板榻。即床榻之上既无架子又无靠背。它们是明清床榻中历史最为悠久的坐卧用具。其中的板床在一般平民家庭中最为常用，造型结构比较简单，通常采用大边出头加横枨的平面形式，床下立柱，柱间连以直枨，有的正面做成间隔的壶门洞，有的还将床下做出隔层，类似后来的床柜。床面多髹以红漆，有的也进行简洁的雕饰。床上加竹木屉，屉上加苫子和席。这类床的用料以一般木材为主，少数也采用榉木、榆木等好一点的木料。一床一柜便构成了内室家具的基本组合。这种板床直到现代仍在民间普遍使用，是民用家具的主要形式。而板榻的制作则有雅俗之别：高雅的板榻不仅用料好、做工细，而且造型结构每有独到之处，如有的以古拙质朴为美，有的以华贵繁缛为尚，有的则以轻巧别致见长。民间的板榻则注重实用，造型结构简便易行，如南方常见的竹榻、交脚榻及北方的石榻等。主要使用土炕的北方地区还以炕作榻，日常闲居、待客、吃饭和妇女做手工活等都是在炕上，炕桌、炕几等名称亦是缘起于此。

（5）榻的特殊形式——宝座。其基本造型前面已谈到，这里再举故宫太和殿内的"贴金罩漆蟠龙宝座"（见图17）为例进一步说明。此宝座是用紫檀木制作的御用坐具，自清初至清末一直陈设于太和殿内，袁世凯复辟时此宝座被拆毁，新中国成立后被修复一新。宝座横长 158.5 厘米、进深 79 厘米、底座横长 162 厘米、宽 99.5 厘米、座高 49 厘米、通高 172.5 厘米。宝座上部作圈椅式，共有 13 条金龙盘绕在 6 根金漆立柱之上，椅背分三格，上格盘一正面金龙，张口昂首，威严雄视；中格浮雕云纹和火珠；下格透雕卷草纹。椅背两边嵌以流云纹花牙，座面铺以厚软垫。座身作

图 17　故宫太和殿贴金罩漆蟠龙宝座、御踏示意

高束腰须弥座形式，四面开光透雕双龙戏珠和山海卷云等复杂图案，并衬以海蓝色彩地，画面壮观而醒目，颇有坐一墩而拥四海之意。须弥座下端雕以券门牙子，牙子之下有托泥。座前则有高束腰的鼓腿膨牙脚踏，亦是雕满了珠花、莲草及兽头等图案，并罩漆贴金，与宝座融为一体。此宝座本身就已十分高大，再加上坐落在一个面宽7.05米、进深9.53米、高近1.6米的台基上，并与其背后七扇巨型金漆屏风以及高大的蟠龙金柱等相互衬托、交融，使得殿内更加辉煌，气势更加雄伟，显示了封建皇权的至高无上。

此外，明清床榻中的其他形式还有轻便实用的折叠榻床、双层架子床以及荷叶宝顶四围式漆木床等。

 明清椅、凳、墩类型

明、清时期的椅、凳、墩类坐具非常丰富，按基本形制结构可分为无扶手靠背椅、有扶手靠背椅、圈椅、交椅、靠背（养和），机凳、长凳、马机、交机（马扎），鼓墩、方墩等很多品种。具体称谓更多，造型、结构各具特点。

（1）椅。椅子是明清家具中最具代表性的坐具，不仅品种多，而且制作精。除在传世实物中十分常见外，墓葬发掘品、书画作品中也有不少椅子形象。这类坐具在宋元传统制作工艺基础上不断创新，把精巧、实用的传统美学思想与人体结构有机结合，形成了简约明练、舒展大方的造型风格；用料则广泛采用花梨、紫檀等名贵硬木，以复杂的构件、精湛的技艺和匠心独运的设计技巧，把建筑中的小木作构造工艺巧妙地运用到家具上，并与室内陈设布局的审美意趣相吻合，形成了中国家具独具特色的主旋律。其协调的比例、曲率和线脚等，把造型艺术与人体各部位的自然生理特点有机结合起来，体现了很高的科学性和实用性。这些优点一直为后人所珍视和借鉴。

无扶手靠背椅是椅子的最普通形式，也是最早出现的椅子形态。这种椅子的形体比一般的扶手椅略小，椅背较高，顶部的"搭脑"（横梁）两头有软圆角而不出头的，在明代称为"一统背"或"一统碑"式椅（言椅背高直，像一座高碑），与现在的靠背椅差不多（见图18a，图19a）。而横梁出头者又有直搭脑与曲搭

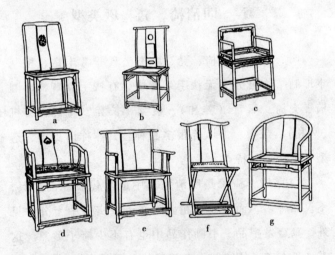

图 18　明式椅的种类

a. "一统背"式椅；b. 灯挂椅；c. 玫瑰椅；d. 南宫帽椅；e. 四出头官帽椅；f. 无扶手交椅；g. 圈椅

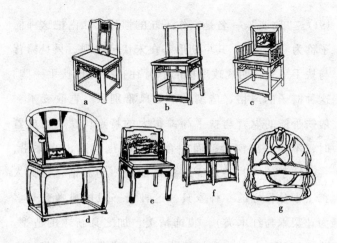

图19 清式椅的种类

a. 拐子龙牙靠背椅（类似一统背式）；b. 小灯挂椅；c. 扶手椅（背嵌云石）；d. 托泥圈椅；e. 太师椅（由官帽椅发展而来）；f. 双座玫瑰椅；g. 鹿角椅（乾隆二十七年）

脑之分，其下多置背柱两根，中间为背板，上端挑出的桥形横梁有的如牛角内弯，有的较直或微向上翘，犹如挑灯的灯杆，因而又有"灯挂椅"的称谓（见图18b、图19b、图7）。它和"一统背式"椅的用法一样，出现时间较后者要早。这两类无扶手靠背椅多是通体光素，雕饰较少，有的只在背板中心雕一组简单图案。硬木、杂木、彩漆、素漆和攒竹、镶嵌等做法尽皆有之，一般成对放置。其特点是轻巧灵活，使用方便，在室内不需占很大面积，和一般桌案配置或者单独陈放都不觉得单调。有扶手靠背椅也常称扶手椅，意即带扶手的椅子，其形式较多。那种形体比较低矮，靠背、扶手与椅面垂直相交，并且椅背低于一般椅子，与扶手相差无几的通称"玫瑰椅"（见图18c、图

19f）。"玫瑰"一名是京作工匠的惯称，江南把这种椅子称为"文椅"。其早期形态在宋代已出现，只是椅背与扶手平齐；明式玫瑰椅的靠背往往要高出扶手一些。这种椅子的风格、造型，很是风雅别致。它改变了一般扶手椅的靠背与扶手高差很大的特点，在靠窗放置时，不会高出窗台；而配合桌案时也不高出桌案沿，一改椅子的突兀特点而求整体的统一与和谐，是文人雅士十分喜好的一种家具。这种椅一般用料考究（多为花梨木与红木类），装饰精美，加之其新颖的造型，确有一种珍奇、典雅的韵味。用"玫瑰"（古代指宝石、美玉）来称誉之实不为过。明代玫瑰椅多为圆足，方足圆棱的多是清代制品。

扶手椅的另一个常见品种是官帽椅，包括南官帽椅和四出头官帽椅两式。这种椅的靠背甚高，扶手较矮，整体造型如同缺翅的乌纱帽，"官帽椅"即由此而来。南官帽椅的搭脑与扶手前端做成软圆角，四出头官帽椅则采用横向出头形式（见图18d、e，图19c）。前者虽不够舒展，但装饰手法比较容易发挥，可以采用多种形式和工艺手段装饰椅背和扶手。用材或圆或方，或曲或直。椅背上的横梁做成软圆角，与立柱格角相交或者做成上下平压的"烟袋锅"式榫（子母榫）。背板一般做"S"形曲线，符合人体脊背的曲率，并在背板上横置数格，雕镂如意云头、牡丹等图案，最下一格往往嵌以下向的花牙，浮雕勾莲等花纹。与硬木本色、通体光素的椅面、椅腿等配合起来非常美观。四出头式椅的出头处多是通过立柱而微向后上方及外侧弯转，形成自然而流畅的曲线，尽头磨出圆面，令人感觉柔润而舒适。这种椅多用黄花梨木制作，靠背以一整板做出适合人体脊背的自然曲线。以淡雅、舒展的造型配以清新柔美的木色纹理，而无需其他多余的装饰，充分体现了明式家具的优秀品质。此外，明式官帽椅中还常见有一种靠背、扶手均做成直棂格的形式。座面为六边龟背形，下附六足，扶手呈八字形，座面较矮的则是比较特殊的一种，座宽或座高的分别适于盘足或垂足就座。

圈椅又叫"罗圈椅"，有人认为是从交椅发展而来的，但圈椅的早期形式在唐代已经出现，而交椅则是北宋晚期至南宋初以后的产物。这种圈椅的上部由椅圈、靠背和扶手立柱组成，其造型、功能均与三足抱腰式凭几十分相近，因此我们认为这种椅应是上述凭几与杌凳的结合物，是唐代高足靠背坐具的一种新形式。明清时期的圈椅种类进一步增多，制作工艺更为精细、合理。椅背与扶手一顺而下，背板微向后仰，座面宽大，腿足较高，造型十分大方、舒适。它是利用了椅圈抱腰的舒适感而专为室内设计的。座面有的用丝绳或藤皮编制（与唐宋时期的"绳床"相似），也有的用木板硬面。框架一般以圆材较多，适合椅圈的弧形曲线（见图18g，图19d，图7，图9）。这类椅大多通体光素，也有的在背板雕有简单花纹，或在扶手尽头外侧雕花。圈椅的另外一种是背板高过椅圈，稍向后卷，可以托首。还有一种是椅圈通过两条后侧立柱后并不向下延伸，无扶手，从而形成一种既区别于圈椅，又不同于一般的无扶手靠背椅的奇特造型，真可谓是新鲜别致。明代的圈椅以第一种最流行，俗称"太师椅"。太师椅一名一般认为始于南宋，它是由靠背交椅发展而来的。其本身并不是一种功能独特的家具，但因其宽大舒适，故为古代官吏所喜爱。明代的太师椅多指圈椅，而到清代则明显不同，指的是一种造型稳重、尺寸稍大的扶手椅。

交椅，说得明白一点就是腿足交叉的靠背椅。其形态是从古代胡床演变而来的，突出特点就是可以折叠。这种椅至宋代已比较常见（最初均是无扶手），明代的交椅种类更多，几乎不再见有无扶手的直靠背形式，而广泛流行圆靠背扶手交椅。制作工艺上也远较早期交椅精美，结构更趋于复杂。这种椅可以随时在室外或厅堂中设置。皇家贵族和官宦人家外出巡游或狩猎时都常带有这种椅子。明代绘画、杂剧中也常绘有这种交椅形象（见图18f、图20b、图7）。明式交椅一般为黄花梨木制作，装饰部位多在靠背、扶手与踏枨处。工艺手法比较简洁，形式不拘一格。入清以后，交椅的制作逐渐减少。按清代的宫廷习惯，出外狩猎游玩都带大马扎，而交椅只是放在卤簿中摆摆样子，其使用已不普遍；但在民间，这种交椅仍较常见，近代在一些地区还有所发展。

靠背，也称"炕椅""欹床（斜床）""养和"，是一种可供躺坐后靠的活动支架。无腿足，有的也无座面。通常是放在炕床或席上使用，与现在的折叠躺椅

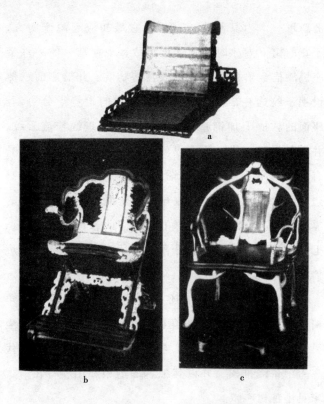

图 20 清代的靠背、交椅和鹿角椅

a. 雍正年间的靠背；b. 康熙年间的金漆龙纹交椅；c. 乾隆三十七年鹿角椅及鹿角足踏

相似，只是无足。靠背后面的支架可以调节其高度，无座面的还可作枕头使用。据明人高濂《遵生八笺》记载："欹床，高一尺二寸，长六尺五寸，用竹藤编之，勿用板，轻则童子易抬，上置椅圈，靠背如镜架，后有撑放活动，以适高低。如醉卧偃仰观书，并花下卧赏俱妙。"由此可知靠背（欹床）与古代的榻上置凭几功能相似，这里所说的"圈椅靠背"正是凭几发展的新形式。由其制作方式看，它最初应起源于南方，于花前树下乘凉时，则倍增雅致。现存唯一的一件带座黑漆描金填香靠背藏于故宫博物院。此器座面三侧设拐子纹边栏，前低后高，与靠背的走势十分协调。座面的软屉上加锦垫。黑漆地上描金蝙蝠与流云纹，并在雕刻图案的阴纹中以填漆之法填以香料，其质具有"紫金锭"的效果，谓之"填香"。靠背下出轴，边框微弯而上，以卷书收尾。用丝绳编织成有暗纹的靠背软屉。可以调整依靠的高度。此靠背或为清雍正七年（1729 年）十月江宁隋赫德所进"仿洋漆填香炕倚靠背"（见图 20a）。

此外，清代皇室中还有一种十分奇特的"鹿角椅"。鹿角椅是主要以鹿角为材料而制作的一种特殊坐具，它是满汉家具制作工艺相互结合的产物，在清代皇室中备受推崇，并以其独特的造型和用料，在清式家具中独树一帜。

从乾隆赞誉鹿角椅的题诗中可知，早在清初皇太极时，鹿角椅已在盛京宫廷中使用。现存的鹿角椅除个别为康熙年间所制外，主要为乾隆时期的作品，计有乾隆二十七年、二十八年、三十七年的鹿角椅等多件，主要藏于故宫博物院。每件鹿角椅的造型各不相同，皆是以巧取胜。如乾隆二十七年（1762 年）的鹿角椅（见图 19g），通高 104.5 厘米、宽 103.5 厘米、进深 78.5 厘米、座面高 42 厘米。主要部件皆由鹿角制作：椅背圈由两只整鹿角围成，靠背、座圈、椅腿和托泥等均是由若干小鹿角拼接，接缝处包铜镀金，并饰以凿花蝙蝠形面叶。椭圆形座面以鹿角作框，上铺木板，椅背正中靠上部嵌有象牙板一块，板上刻乾隆御题诗一首，从诗文内容可知鹿角椅的制作乃是满人一绝，在乾隆以前已被作为继承传统的标志物，并被定为"家法"之一，是统治者炫耀祖上功业、教育后世子孙的工具，带有鲜明的政治色彩。

再如乾隆三十七年（1772 年）所做的一件鹿角椅（见图 20c）。此椅在《中国美术全集》中被定为康熙年间的制品，座面宽 92 厘米、进深 76.5 厘米、高53.5 厘米、通高 131.5 厘米。此椅用八支鹿角做成框架，椅圈的结构与前一件鹿角椅类似，但靠背鹿角安装方式则相反，两只角尖从背肩处向两侧斜出，宛如一对上挑的搭脑。靠背鹿角间嵌红木板一块，下端雕作如意云头状，中间做成起边的曲面，上以隶书刻乾隆帝题诗一首。四条腿用四只鹿角做成，角根部分作足，其自然形态很像外翻的马蹄，上端内侧的两叉角则形成十分合体的托角枨。座面为黄花梨，正面边沿微内凹，外缘以两条牛角镶成素混面，中间嵌象牙条一根。座面两侧及后沿镶有骨料雕刻的勾云纹牙子。此椅座前还附一矮脚踏，脚踏四足也分别用两对小鹿角制成，踏面外沿以牛角包边，内嵌木板。角椅与角踏相配，既新奇又有趣，显示了制作工匠的巧妙构思。

至于上部造型类似靠背扶手椅的"宝座"，则是介于小榻与靠背椅之间的特种坐具，分类上也可以单独作为椅子的一种。有关此类坐具的形态，"明清床、榻例说"中已经谈到，这里不再赘述。

（2）凳。明清时期的凳子名称据不完全统计有近30种。其中有按使用材料命名的，有按造型特点命名的，有按装饰工艺命名的，还有按地方传统和使用习惯命名的，等等。就比较具有概括性的称谓而言，则不外乎"凳子""杌子""杌凳"三种。它们的含义大致相同，尤其是杌凳的内涵更为广泛。如近人黄侃在《蕲春语》中即云："今语谓断木为四足，上平无倚者，皆曰杌凳。"杌凳一名在平时并不常说，而是以更形象的方凳、圆凳、马杌等具体名称称指。上至达官贵人，下到平民百姓都在使用，而用材和工艺则有所不同。装饰华贵的紫檀、花梨等名贵硬木制品是上层人物所刻意追求的，而一般家庭的杌凳用材仍广泛采用杂木。

从明清时期的方凳（杌）和圆凳（杌）特点看，座面与腿足的结合工艺可分为有束腰和无束腰两大类。前者在形体上十分注重收分变化，束腰下多出肩，腿足部或作鼓腿膨牙内翻马蹄，或作券门牙子三弯腿，总之是有变化，不呆板；枨子的形式更多，与腿足、座面的结合设计更为精巧。后者由于不加束腰，腿足的形式就于方圆之间取舍。方足的多做出内翻马蹄或贴地托泥，座面、横枨等也都采用方边、方料；圆足的则以圆取势，边棱、枨柱乃至花牙等皆求圆润流畅，不出棱角。为了更好地表现形体变化和增强柱枨的抗挤压、抗冲击能力，家具艺人还创造性地使用了"裹腿做""劈料做""券口做""罗锅枨加矮老"以及"落地枨"等先进工艺。裹腿做与劈料做是模仿竹藤家具制品的一种做法。裹腿是指横枨与腿的结合部并不是平齐而是高出腿的表面，相邻两横枨的内侧用小榫与腿铆合，外侧做出"帮边（飘尖）"，两条横枨对头衔接，把腿柱裹住，故称"裹腿枨"或"裹腿做"。劈料是把做腿足的材料加工出三道或四道圆棱，看上去腿足像是用三、四根圆棍拼装在一起的，是一种比较先进的木料加工工艺。劈料做出的面通常叫"混面"。在无束腰直腿方凳和桌案类的制作中使用较广；券口做是从壶门做法发展而来的，腿足和座面之间贴以券门形牙板或细木，利用其张力来承托板面和防止腿部内瘪。券口作花牙或弧形板，且其下缘以榫槽插入腿部的，一般称之为"券门牙子"或"衬档"；券口以细木或围板撑住，下缘直落在横枨或托泥之上的，称"券口"或"开光"，有的也称作"壶门"。后一种工艺方式在竹藤家具中也经常使用，有的券口施于上下横枨之间，实际上起到了托枨的作用。"罗锅枨"是指枨的中部高、两头低，形如弓背罗锅状；"矮老"是指枨上短而矮的立柱。罗锅枨加矮老的设计分散了座面的压力，腿间不必再施双枨，从而减少了因开挖榫卯过多而对腿部造成的损害。至于落地枨的设计是指各横枨之间分布有序，或前低后高，或前后低两侧高，或后高、两侧次高、前面最低等，尽量避免相邻横枨与腿的结合部太近，从而使开榫部位不至过于集中，同时也便于合理调整坐姿等（如前枨落低可以使身材较矮的人将足自然放于枨上而不必欠身前够，功能如同足承）。在座面的加工工艺方面，常见形式有四面平式、喷面式、面心加软屉（丝、绳、藤、皮编制）、台湾席衬板或镶嵌各式硬木、玉料、大理石等。至于梅花式凳、根雕兽形凳等更是别出心裁的变体形式。上述先进工艺的广泛采用不仅使明清家具设计更为科学、合理，而且还使家具的造型艺术步入了一个全新时代。各色各样的家具形式既美观大方，又科学实用，结构特点与装饰手法上则由明代的轻灵秀润、简练明快到清代的雕磨工细、富丽厚重，从而形成了明清家具艺术的新格局。这一格局在明清坐椅与杌凳的制作工艺方面表现得尤为明显（见图18、图19、图20、图21）。

明清时期的长凳可分为长方凳与长条凳两种。前者常被称做"春凳"，其形体如长几状，一般可坐二人，故又称"二人凳"。也有坐三人的。造型多比较精巧，做法与杌凳类似。有的可放床前作床踏，有的还被放于炕上作炕几用（见图21）。长条凳通常也叫"条凳"、"长板凳"，是中、下层人民广泛使用的一种凳。多用硬杂木本色制作，结构比较简单，做工多不如硬木杌凳精细。常用的装饰手法是在腿足和面板四周起线，表面髹以浅色漆；有的在足上部及座面两端加牙子，吊头或简单地雕饰如意纹等。这种条凳的座面较窄，一般可坐多人，有时也用以作支架。

马杌是对当时的一种方凳的称呼。这种马杌早在宋、元墓葬和绘画中已比较常见，其主要用途是作为上下马的登具，出行或郊游时常由从人扛于肩上。而交杌则是现在仍在使用的"马扎"，它是由"胡床"

图 21　明、清杌凳、长凳与马扎示意

a. 双环卡子花方凳；b. 罗锅枨方凳；c. 三弯腿杌凳；d.
带牙头罗锅枨条凳（板凳）；e. 八腿圆鼓凳；f. 四撇腿圆凳；
g. 春凳；h. 带踏床马扎（交杌）；i. 藤皮拐子纹杌凳；j. 裹腿
枨方凳；k. 夹头榫条凳；l. 春凳

发展而来的。腿足折叠后携带方便，座面常为藤皮编
制的软心。明式交杌形体较大，高度相当于一般的杌

凳，部分交杌工料极精，有的在前面还加有足承，坐起来更为舒适。清式交杌除在明式交杌的基础上更为华丽之外，民间还广泛使用形体低矮的小型交杌制品。其造型与现在的马扎基本一致。

（3）墩。坐墩的基本形态是类似鼓的圆墩，中间大，两头小，所以又叫"鼓墩"。一些鼓墩的表面常常覆盖锦绣的袱子，这种鼓墩又被称做"绣墩"。除通常所说的鼓墩外，也有一些坐墩是呈方台状、细腰状或圆筒状的；鼓墩中又有圆鼓墩、瓜棱墩、梅花墩、海棠墩以及平面作六角形、八角形的多面体鼓墩等造型。用材上除以各种硬杂木为主外，还有石制、蒲草编制、竹藤编制以及雕漆、彩漆描金和瓷制等。由于坐墩以方圆为造型基础，四周装饰不分主次，故在陈设方式上十分灵活，没有形体限制；又因坐墩体积小，摆放时适合不依不靠，不影响大件家具的陈设格局，因此十分适合陈设于书房、秀阁和内室等小巧精致的环境，常能为室内布置增添不少情趣。

木墩是坐墩中品种最多、工艺最为繁杂的一种。其中最能代表木墩工艺水平和时代风格的是硬木墩。这类硬木墩多选用紫檀、花梨和红木等名贵木材制作，色深质细者更为时人所推崇。制作工艺上一般是采用上下帮边、加箍，四周围板拼接、扣合式；围板之间常采用开光，柱枨常采用劈料，上下边外侧常施一周铆钉；有的鼓墩之下还加三至四个小矮足，有的则在开光之间与开光周围雕饰各种博古、花卉（见图22）。硬木墩的另一特点是外表很少髹漆，但打磨烫蜡工艺甚精，重在突出木质的纹理颜色和精美做工。形体上则以坚实稳固为先，注重圆润流畅。其中像故宫所藏的紫檀四开光梅花眼绣墩、红木雕花双劈料绣墩和紫檀五开光鼓墩等，都是艺术价值极高的坐墩精品。

图 22　明、清坐墩示意

a. 明式束腰梅花形坐墩；b. 明式四开光圆鼓墩；c. 清式雕花双劈料绣墩；d. 清式五开光鼓墩

　　石墩与瓷墩在明清时期也十分常见，尤其是在庭院和园林亭榭等室外休闲场合更是必备用品。这些石墩或瓷墩多是三五成组地与石台（瓷台）、石桌（瓷桌）等摆在一起，其中以大理石雕制的石墩最富有特色，既实用又雅致。

蒲草所编制的墩多较扁，有的近于蒲团。冬天用为坐具时柔软而又御寒，颇得其妙，是一般家庭中十分常用的坐墩形式。

竹墩和藤墩多在暑月使用，制作工艺与木墩不同。它们的共同特点是不用榫卯，而是采用编、插、拧、扎等编织方法，使坐墩形体空灵劲挺，富有弹性，坐在上面不仅通风透凉，而且不容易疲惫，是南方地区十分流行的一类坐具。

此外，从部分坐墩的结构形式来看，它们与鼓凳和圆凳有着很多相似性，在制作工艺上存在着相互借鉴和相互影响的关系。这一点同杌、凳的发展规律相同，而且在形体上也都是由明至清渐高，装饰上由简趋繁，反映了明清坐具发展的基本特点。

三　承置用具

　几、案、俎溯源

几、案、俎是我国古代非常流行的三类承置用具，尤其在桌子出现以前，几、案、俎更是日常生活中必不可少的。关于这三类家具的起源，一般认为应在商代以前。其中俎、案的起源更早，二者均已发现了新石器时代晚期的相应实物（见图1）。

所谓"几"，是与案相对而言的，通常把似案而小者称"几"，如炕几、茶几等。但在隋唐以前，几与案的区别还是比较明显的。当时的几可分为"放物几"与"凭几"两大类，前者出现的时间至少要在西周以前。最初与有足案并无明显区别，只是较案窄小，或与俎的形态更接近些。后者出现的时间较前者要晚，与案的区别也比较明显。几的最大特点是窄面、有足，而且足腿多向外弯曲，形体呈"几"状（见图5）。《说文解字·几部》谓几字的篆文为其象形。西周金文中也有"几"字。这正说明几是因形取名的。

放物几在文献中多被称为"庋几"或"庋物几"

（庋，音 guī，意为放置器物的架子，亦作放置）。如《释名·释床帐》："几，庋也，所以庋物也。"这类几的板面多为平直的长方形，其典型者均下设曲足，曲足外撑，足腿一般每侧三至四条，同插于足座之上，故又称"曲栅"或"曲栅足"。放物几到秦汉时期已非常发达，因用途、时代和地区差别而形成许多名称，如《广雅·释器》中就说："梡、棵、橛、房、杫（音 sì）、虡（音 jù，同㲉）、桯（音 tīng）、杝（音 shì）、俎，几也。"其中将梡（音 kuǎn，如四足之俎案）、橛、房、俎等俱称为几；《说文解字·木部》甚至将案也归入几属。可见几、案、俎最初应是一种东西，只是随着社会生活的发展，家具功能不断分化，由最简单、最原始的木板或石板（可在其上用石刀等切割肉类或摆放食物等）发展为下垫石块或木棍的"俎、案"雏形，进而又运用木作工艺的榫卯结构，将四根长短相同的木棍插入木板四角的榫卯中，从而产生了比较规范的原始木制家具——俎、案。因此，从家具造型的演化来说，俎、案的出现要比几早，几应是俎、案进一步发展的产物。但是，上述"俎、案"的雏形在当时叫什么？是叫"几"还是叫"俎"？抑或叫"案"？这从文献中已说不清楚。我们认为，几、案、俎，以及各自的一套名字，因家具发展而发生分化的有之；因地区、语言不同而称呼不同的亦有之。这是家具发展的自然规律，也说明了几、案、俎的同源关系。

一般认为放物几是从俎与案中分化出来的。山西陶寺龙山文化大墓中曾清理出圆面独足的"几"两件。几面呈圆形，周边有棱，直径达 85 厘米（一说近 80 厘米），是由三块木板拼接而成的；几足与大型豆柄相似，位于几面下部正中，束腰，喇叭形座，底径 35 厘米、几通高 27 厘米、通体施有彩绘。木几出土时置于木俎、陶垆（音 jiǎ）与大型木盘之间，每件几面上都放有一件"V"字形石厨刀及猪骨等。其用途似与俎相似，但按其造型和实用功能而言（不适于切割，周边有棱），又与案（尤其是祭案）更为接近，而与几相去较远。因此，陶寺大墓出土的"独足圆几"，更确切地说应称之为"独足圆案"（见图 1b）。

从几的发现来看，时代早到春秋以前的典型实物可以说一件也没有；但文献中却屡有关于西周早期几的记载。春秋中晚期以后，几，特别是南方楚墓中出土的"凭几"数量迅速增加，如湖北江陵县雨台山春秋楚墓中就曾发现有板状凭几，其中 256 号墓所出土的一件相当完整，时代已界于春秋晚期。此几几面平直，呈长方形板状，两端较厚，其下各安一蹄形足，足下与拱形座相接，足与几面和足座之间均采用套榫结合。此几通体髹黑漆。面长 80 厘米、宽 13.2 厘米、高 36 厘米，可以作为早期凭几代表。与此同时，放物几与案的区别亦日趋明显，尤其是足部变化更为突出，从而为秦汉时期放物几的流行奠定了基础。

凭几的板面较放物几要窄（一般 20 厘米左右），足腿多向外弯曲，形制变化较放物几更多。早期的凭几板面多为长条状，侧边平直，左右各两足或一足，形制简单，与放物几乃至俎案的差别并不是很明显。春秋中期以后出现了面板下凹或中部弧形前曲的凭几（有人称之为"塌腰凭几"或"曲身凭几"），几腿有板形（整体呈 H 形）、单足人字形和曲栅形等；秦代以后的凭几种类更多，除前述几类仍流行外，还出现了折叠式凭几、夹膝式凭几、半环抱腰形凭几等许多种，几板有的做成枕状塌腰形，有的做成隆身翘首形，还有的做成三足抱腰形或圆面长柱形等。随着晚唐以后桌椅等高足靠背家具的迅速增多，流行近两千年的传统凭几才逐渐退出了历史舞台。

从几的制作和装饰风格看，由最初的素面木几（俎案亦如之），发展为漆几、玉几、铜几、绨几……由髹漆绘彩，到雕刻、嵌玉、镶铜以及嵌螺钿等，造型和工艺精益求精。早在西周至春秋时期便形成了所谓的"五几"之制。如《周礼·春官宗伯·司几筵》中就曾记载在不同礼仪或祭祀场合中以"五席"与"五几（玉几、雕几、彤几、漆几、素几）"配合使用的明确规定。《尚书·顾命》篇中也记载了西周成王病重时"相被冕服，凭（凭）玉几"，召见大臣辅佐康王之事，并在康王即位仪式中列出了"华玉仍几""文贝仍几""雕玉仍几""漆仍几"的隆重场面。这里的"仍"，孔颖达传云："仍，因也，因生时几不改作"，即仍用原来的一套几。其中"文贝仍几"孔氏传曰："有纹之贝饰几，此旦夕听事之坐。"由此可知当时已有嵌螺钿的彩几。《尚书》与《周礼》所载"五几"之制在考古发现中也能找到对应实物，只不过已晚到春秋中叶以后，与前者所记西周成康时期还有相当的时间差距。但这至少说明凭几的出现也很早，而且在春秋以前便形成了明细的礼仪制度。

俎与案的起源都很早，在距今 7000 年前后的浙江余姚河姆渡遗址中便发现有大量的建筑用木板及少量漆器。这些木板一般厚 2.4 ~ 4 厘米、宽 10 ~ 50 厘米，榫卯构件中已出现较进步的燕尾榫、带销钉孔的榫以及两侧向里剡出规整的凹凸嵌槽的企口板等。这就为家具构件的制作准备了必要条件。当时用这种长方形木板作垫板，在其上切割或放置食物也不是不可能的。因为在距今 6000 年以前的江苏常州圩墩遗址中就曾发现这种简单的切菜板，长 35 厘米、宽 18 厘米、厚 5 厘米，一侧凿出长 32 厘米、宽 3 厘米的槽。可以说是最原始的"俎"。

关于俎、案最集中、最典型的发现则是山西襄汾陶寺墓地。在该墓地的多处大墓中均发现有俎、案，而且绝大多数都施有彩绘。俎的台面系用长方形厚木板制成，近两端各凿出两个榫眼，下接板状足；俎面一般长 50 ~ 70 厘米、宽 30 ~ 40 厘米、高 15 ~ 25 厘米。俎上通常放有 V 字形石厨刀和猪骨。3015 号大墓出土的木俎上斜立有两件石厨刀，一侧俎角放有猪蹄骨（见图 1）。在一座中型墓的木俎上则放有猪排，一件 V 字形厨刀的前端锋刃直插入俎面板中。其出土时的情形将俎与石厨刀的用途表现得确凿无疑。

此外，在 3015 号大墓等还见有俎上置一长方形木匣的情形。有的研究者认为匣可能是木俎结构的一部分，"即组成以俎面为隔板的上、下两房"（见《中国考古学研究》第二集，第28页）。我们认为这种可能性很小。因为假如是隔板的话，一是不可能如此整齐地放于俎面上，二是在如此窄小的空间内也无法使用形体硕大的石厨刀，更何况俎面上的榫眼结构是所出板形木器中最清楚者，若匣为隔板的话，俎面上也应有安装榫槽的痕迹。因此，俎上之匣应为盛器。绘有红彩（漆?）的俎，俎上的刀、猪骨，盛有猪头的陶斝和陶灶等炊厨用具均出于大墓的棺右侧后部，位置比较固定；这与成组成套的高柄彩绘豆、彩绘龙纹盘及木鼓等有着相同用意。它们都是墓主人生前的常用之物，墓主死后被一同用做随葬品。俎上的彩绘木匣很可能盛有某种食物，如同俎上的猪骨一样，在此用以祭祀死者。

木案在陶寺大墓中也一再发现，平面呈长方形、圆角长方形或圆形，前两种木案的台面下沿多由一长边、两短边的等高木板组成⊓形支座。有的在另一长边中间再设一圆柱状支脚。一般案面长 90～120 厘米、宽 25～40 厘米、通高 10～18 厘米（见图 1a）。所发现的木案皆绘彩（漆?），绘彩部位主要在案面和⊓形支座的外壁。其中的精品多是在案面的红彩之上再用黄、白颜料等绘出宽约三、五厘米的边框式图案。至于后一种圆案，形体上则类似近代的独腿圆桌，原报告称之为"木几"。但就其造型和使用功能而言应称之为"独足圆案"（见前述放物几）。而其上所放置的 V 字形石厨刀和猪骨等，或说明这种圆案是与木俎等配套使用的（但并不排除因墓内坍塌而导致器物移位）。

从所出木案、俎等的加工工艺来看，板材的制作主要采用了斫、凿、剜（挖）、磨等方法。即先将原木截断并按一定规格斫出大样，再用石锛、石刀等进行细部修整，然后于木板的边部或四角凿剜（挖）榫眼或嵌槽，最后将板面打磨光平并上彩（漆）。至于圆形底座或柱足的制作，除用石锛、石刀等进行刮削、修整以外，受快轮制陶影响而使用轮旋方式来加工木器的可能性也是存在的。否则，如此光滑、圆正的束腰器座、豆柄和木盘等是很难加工的。由此也可看到制陶对制作木器的重大影响。再从足与台面或板与板之间的结合方式来看，"闭口透直榫"，即将足（圆柱或方柱）套插入台面两端的卯眼中比较常见；同时也发现有闭口不透直复榫和落槽榫等，主要用于案、棺等的嵌接。与陶寺墓地时代相近或稍早的青海柳湾马家窑文化墓葬中，也发现在很多棺上使用"穿榫法"（包括闭口透直榫与落槽榫）的先进榫卯结合工艺。这说明在龙山时代（约公元前 2700～前 2000 年），我国南北各地的木器加工工艺均已达到较高水平。

长方形或圆角长方形木案均位于棺前，案上放置的器物比较有规律：大型墓通常是在案面中央放一陶斝，两边配以仓形器与高柄木豆；中型墓案上常放陶觚一件或木觚一两件。在一座规模较小的甲种中型墓中，棺前木案的形制很简单，仅为一块长四五十厘米的厚木板，其上摆满了六件木器——木斗一件、觚二件、杯三件；案及案上之物皆饰以红彩。以木板作案，正说明案是由最初的简单木板发展而来的。

另外，山东临朐西朱封龙山文化 202 号大墓中所出土的"边箱"，很可能也是一种彩绘木案，其上放置的饮酒、食肉用具等，正说明它是墓主生前的食案，死后随墓主一同入葬。

由陶寺大中型墓彩绘案、俎的摆放位置及其上所常设的器物组合可以看出，它们的功用还应具有"祭享"性质，是为祭奠死者而专设的。俎的本义正是祭享时用以载牲之器，如《诗·小雅·楚茨》："为俎孔硕"，即制作祭享孔硕的俎。而在《礼·明堂位》中则记有关于西周以前祭享之俎的不同用材和名称："俎，有虞氏以梡，夏后氏以嶡（音 jué，同橛），殷以椇（音 jù），周以房俎。"其中的梡又被释做几、案（见《广雅·释器》），嶡、椇、房俎的形制略有区别，表现出不断发展的形态。至于"祭案"的使用则甚为长远，直到近代仍普遍在庙堂等陈设祭案。祭案与享俎一同摆放于棺前及棺侧的情况在先秦时代仍比较多见，案上多放置酒具、食器，俎上常放有牺牲。如河南淅川下寺春秋楚令尹子庚墓的棺前头箱中就出有铜俎、铜禁各一件（见图 23）。铜俎俎面略呈收腰长方形，中部微凹，似马鞍状；四足扁平，断面呈凹槽形，上部较宽，下部略窄。俎面及四足均饰镂孔曲尺形花纹，镂孔周围又饰细线蟠虺纹。通高 24 厘米、长 35.5 厘米、宽 21 厘米。铜禁长 107 厘米、宽 47 厘米、高 28 厘米，与当时流行的漆案尺寸相当。禁为"承酒尊之器"（《仪礼·士冠礼》），其前身正为案。案、俎、禁

图 23　河南淅川下寺 2 号春秋墓铜俎与铜禁

a. 铜俎；b. 铜禁

等置于墓中，均具有祭享、昭示死者之意。这种习俗在汉魏时期更加流行，从而形成了延续数百年的厚葬风气。

 楚几大观

这里要说的是几的王国中的楚几，即以楚国为中心的楚文化之几，它是楚式家具的一部分。所谓楚文化，最初是由楚人在楚国境内所创造的一种文化，它有着明显的地域特征，并随着历史的发展而不断变化。而具有或基本上具有这种特征的文化遗存，都可以被看做楚文化的范畴。

楚几出现的时间相当早。至少在春秋时期，楚几就已相当成熟。目前所发现的早期漆木几基本上都出于楚地，而且皆以凭几为主。如以楚郢都纪南城为中心的江陵楚墓（属于春秋中期到战国中期），长沙楚墓（属于春秋中期到战国晚期），曾侯乙墓（战国早期），信阳楚墓（战国早中期之际），包山楚墓（战国中期），以及晚到西汉初的长沙马王堆汉墓和江陵凤凰山汉墓等。这些墓中所出土的楚式几不仅种类多，而且规格高、用料精、做工精细，代表了当时漆木家具的最高水平。下面我们按不同时期，把最典型的几组楚几分别介绍出来，以期读者能够对楚几的高超制作工艺有一个概括了解。

（1）江陵楚墓的早期楚几。湖北江陵地区为楚郢都所在地。这里分布着数千座大大小小的楚墓，已发掘的楚墓有近千座。其中时代较早的楚墓主要分布于纪南城（即楚郢都）东边的雨台山（以中小型墓为主）和纪南城内的陕家湾、东岳庙等地，以雨台山楚墓所发现的漆木器最多，也最典型。其中256号墓所出土的直板形曲足凭几，时代可早到春秋晚期（见图25a），303、354号墓所出土的凭几也都在战国早中期之际。303号墓的几面呈马鞍状，两端较窄，呈厚方体，几端下部各安四根直立的细长足和两根八字形斜枨，足下端连接拱形几座；足与几面和足座之间均采用不透直榫方式套接。几面两端雕有成排的卷云纹，应属于雕几类，只是该几未髹漆，显然够不上《周礼·司几筵》中的漆雕几规格，但其制作工艺确属当时凭几中的上品。此几面长 54 厘米、面宽 22.4 厘米、高 34 厘米（见图 5b）。354 号墓的几很有特点，长方形几面呈弓形前曲，两端较中部几面明显要厚，端部下接三根细长足，两侧足呈束腰状，足下接拱形足座，足与几面和足座之间亦采用榫卯形式结合，通体髹黑漆。几面长 74 厘米、宽 18.4 厘米、高 30 厘米（见图 5a）。

（2）曾侯乙墓的彤几。曾侯乙墓是战国早期曾国君主乙的墓，墓主葬于公元前 433 年或稍后。曾国受楚国的影响很大，地望与楚比邻（后为楚所并），文化特点基本一致。曾侯乙墓所出土的几也与同时期的典型楚几十分接近。该几出于墓中室中部，由三块木板以嵌榫方式拼合而成，整体呈 H 形。几高 51.3 厘米、长 60.6 厘米、宽 21.3 厘米。通体髹黑漆，在几面及立板的外侧用朱红漆加绘卷云纹和分隔式的变形兽面纹。此外，在几面的两长边和中间部位，还画有三条粗大的朱红色彩道，从而突出了此几的红色特点（见图 24a）。这与《周礼·司几筵》所记"五几"中的"彤几"正相符合，称"彤几"当是名副其实。

（3）长沙浏城桥 1 号墓的漆几。浏城桥一号墓是所发掘的长沙楚墓中规模最大的一座。时代与曾侯乙墓接近（战国早期）。该墓出有两件精美的漆几：一件

图 24　战国楚墓彤几和雕几

a. 曾侯乙墓彤几；b. 信阳长台关 1 号墓雕几

外形与雨台山 303 号墓的素面雕几相似，几面亦作马
鞍形下凹，长 56 厘米、中宽 23.8 厘米、两端宽 18.5
厘米。在几面边沿和内部的分隔形条带上刻以单线卷
云纹。几面两端呈厚方体，其上刻有简化了的兽面纹，
下面各有直立的圆柱状足四根，另外还各有两条斜足
插入几面和足座之间。足座呈两端翘头的矮拱形，其
上刻有回纹和兽面。此几通高 47 厘米，几面用整块木
料雕成，木质坚硬细润，通体髹饰光亮的黑漆，应是
《周礼》"五几"中所说的典型"雕几"（见图 25g）。
另一件漆几用三块长方形薄板扣合成 H 形，结构与曾
侯乙墓的"彤几"相同，但只髹黑漆不绘红彩，规格

显然较前者要低。这两座墓的规模和礼器组合等也说明了这一点。H 形漆几的形体较小，几面长 36 厘米、宽 14.7 厘米、几高 12.2 厘米。

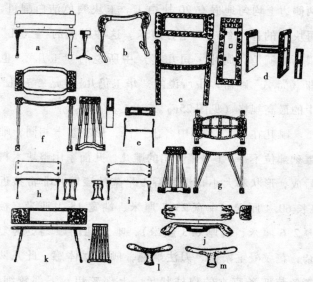

图 25　楚几的各种形式

　　a. 人字形足板状凭几；b. 对足塌腰凭几；c、d、e. H 形板足凭几——玉几、漆几、素几；f、g. 雕几；h、i. 曲面拱足凭几；j. 隐几；k. 曲栅足板形凭几；l、m. 夹几

　　（4）信阳长台关楚墓的玉、雕、漆几。河南信阳长台关发现的两座大型楚国贵族墓，分别于 1957 年和 1958 年进行了发掘，出土了大批战国早中期之际的精美漆木器和铜玉器等，尤其是所出土的 300 余种漆木器，是建国后楚文化的重大发现之一。这里介绍的玉几、雕几和漆几，便是楚式家具精品中的代表作品。

　　玉几出于 2 号墓的侧室中，确切地说应是嵌玉几（纯玉雕的几目前未见）。该几呈立板式 H 形，高 58 厘

89

米、几面宽 22 厘米、长 55 厘米。通体髹黑漆，周边绘朱红色卷云纹，形制与浏城桥 1 号墓的 H 形几十分相似。但此几的一大特点是在两侧挡板外面和横板的两侧边上均匀地嵌有 20 块白玉。玉块颜色洁白醒目，每块玉的体积约 1.5 立方厘米。这种嵌玉的"玉几"很可能就是《周礼·司几筵》中所说的"玉几"，也即《尚书·顾命》中所说的"华玉仍几"，是"五几"中的最高规格（见图 25c）。

雕几在 1、2 号墓中各出一件，形制基本相同，唯雕刻部位不一。1 号墓所出的雕几，几面系用整块木料雕成，形状和大小与浏城桥 1 号墓的漆雕几非常接近（长 60.4 厘米、中宽 23.7 厘米、端宽 18.1 厘米、板厚 2.6 厘米、端厚 6.3 厘米），唯此几的雕刻更为复杂，花纹凝重繁密，刀法娴熟，颇具立体感。此几两端各装四条直立的扁柱状足，上部较粗，下部较细，足下插入条形方座中。几高 48 厘米，通体黑漆。从此几的造型和工艺特点看，当时的漆木雕刻与制作技术已相当成熟（见图 24b）。

漆几出于 1 号墓中，也是呈 H 形的立板足几。通高 57 厘米、几面长 45 厘米、宽 18.6 厘米。形制与 2 号墓的玉几一致。唯此几不嵌玉，在通体髹黑漆之后，于几面边部、立板上端和外侧绘以朱红色漆的连续云纹作装饰（见图 25d）。从此几的造型和装饰风格看，它与 2 号墓的玉几、曾侯乙墓的彤几应是同一系列，而与雕几判然有别。既然它又不是玉几和素几，按《周礼》的"五几"来说，就只有"彤几"和"漆几"

可供选择。在先秦文献中，漆与黑是相通的。"肜几"突出其红，"漆几"则突出其黑。1号墓的这件几，其红色花纹散而细，与浓重的黑漆相比并不占重要地位，故应是《周礼》中所说的"漆几"。

此外，在1号墓中还发现有人字形双足凭几（已残）。这种形式的几在雨台山256号墓中也发现一件（见图25a），但长台关1号墓的这件几造型更加优美，并以彩漆图案装饰。从残存的几足看，原几应相当华丽。

（5）包山二号墓的素几。湖北荆门包山墓地是近些年来在楚故都纪南城附近所发掘的最完整的楚国贵族墓地之一。其中的2号墓，墓主食禄为"上大夫"，是该墓地中级别最高、规模最大的一座墓。所出土的随葬品数量之多、制作之精，也是所发掘的楚墓中十分少有的。其中有两件形制不同的楚式凭几。一件呈曲身抱腰形，这种凭几的早期形态见于雨台山354号墓中，到这一时期仍没有太大变化，唯几面曲度更大，更适合凭靠，足部造型更加优美，两侧足上部外鼓，足座向上拱起（见图25h、i）。另一件凭几结构仍呈H形，但立板上端内卷，横板中部略具收腰状（见图25e）。几高41.4厘米、几面长43厘米、宽10.3厘米。有趣的是，该几在通体涂黑后又在显著部位用白粉绘出大量的曲线纹，绘彩部位与曾侯乙墓的肜几及长台关1号墓的漆几相同，而且线条繁密，使得白色更为突出。这种以白粉饰几的方式与《周礼》"五几"中的"素几"正相对应，而且从所画白粉容易脱落、形

91

体又偏小的特点来看，显非日常实用之物。这也与"凡丧事，设苇席，右素几"的记载暗合。从而与玉几、彤几、雕几和漆几共同组成《周礼·春官宗伯·司几筵》中所记载的"五几"系列。

(6) 长沙马王堆汉墓和江陵凤凰山汉墓的凭几。楚国灭亡后，楚文化仍在很长时期和相当范围内有着重要影响。这一影响在西汉早期的墓葬中也明显反映出来。如长沙马王堆 1 号墓（西汉初）所出土的蹋腰形双足凭几便与长沙战国楚墓中所发现的同类彩绘漆凭几（见图 25b）十分接近。湖北江陵凤凰山 168 号西汉墓（葬于汉文帝十三年）所出土的十四足直板式凭几（见图 25k），已不纯是楚几形态。该几由几面、足和足座三部分以透榫结合而成。几面狭长，两端各有七个足，足下接平顶拱形足座。此几斫制而成，通体髹黑漆。几面近两端处各绘一龙（中原风格）：朱绘龙的唇、齿、舌、眼、鳞和爪，以褐色漆绘龙身，并用金粉绘龙头，龙身周围用朱、褐彩云纹穿插其间，以达到龙行似飞、翻转游动的效果，并使画面更加醒目。在几面、几足座还朱绘云鸟纹和菱形纹等图案；几足上部外侧绘人面纹，中部侧面朱绘三角形纹，内填金粉。几面长 81.3 厘米、宽 15.7 厘米、几高 39 厘米。此几在简册中称"坐案一"，可知这种几当时也称"坐案"，即坐时手扶之案，实际上当为凭几，只是说法不同。另外，该墓所出"双虎头形漆器"与"T 形器"（见图 25j、l、m），也均是坐凭之具。前者很可能是文献中所说的"隐几"，即在跪坐或乘车时将此器扣于双

92

膝之上，既便于扶持，又可在其上看书等。周一良所著《魏晋南北朝史札记》中曾对"隐膝"详加论证，他所说的"隐膝"与"隐几"实际上应是一种东西。其对"隐膝"的定义是"所谓隐膝，盖跪坐时架于膝上，伏肘其上以供休息。所谓隐即倚靠，犹隐几及隐囊之隐也"。这是十分恰当的。唐阎立本《步辇图》中的辇上之君便扶有此类隐几。"双虎头形器"系用整木雕成，造型别致。两端虎头下探，中部下面有一把手，整体涂黑漆，虎腹与把手上再涂红漆；虎头内侧与把手间呈弧形光面，正适合膝部的弧度。该器长56厘米、宽10.5厘米、高9.3厘米，与通常之凭几大小相仿，故称其为几当不误，可以说是目前最早的"隐几"。后者在报告图版中被倒置，共两件。由面板与柱状足以明榫嵌接而成T形，面板长方形而圆其四角，两端上弧。其中一件的柱状足上细下粗，略呈圆锥形。板上面涂红漆，余皆黑漆。面板长48厘米、宽13.5厘米、通高15厘米。另一件面板略为扁平，足为圆柱形棒状，较高。整体涂红漆。面板长57.5厘米、通高47.3厘米。从其造型和使用特点看，这两件"T形器"应是已知最早的"夹膝"之几，即将其独足夹于双膝之间，其上的弧面正好支、托身体。其高者适于跪立时支身，其矮者适于跪坐时托体。说明当时的凭几系列已相当完善。同类夹膝式凭几在后来的山东临沂金雀山西汉墓中也有发现。

至于楚几的其他形态还有一些，如湖南湘乡牛形山战国楚墓所出土的多彩拱面形漆几，几面不是下凹而是上拱成弧形，两端各有三条细长的足，足座呈人字形，几面以黑漆为地，上用棕、红、黄漆绘夔凤相交的纹样两组，四周以三角形云雷纹陪衬，其间填以金色。几足纹样与几面相同，整体造型精巧别致，色彩鲜艳，画面栩栩如生。此几长 81.5 厘米、宽 19.5 厘米、通高 38 厘米。可惜报告中照片过于模糊，无法详其原貌。

综上所述，先秦楚地的制几工艺是相当发达的。至少在汉初以前，其他地区的几类实物发现很少，而楚几不仅出土数量多，分布广，而且制作工艺精湛，品类齐全。《周礼》等先秦文献以及汉代文献中所记载的"五几""隐几（膝）"和"夹几（膝）"等，都能在楚几中找到相应的实物。由此我们认为，以凭几为代表的楚几，应是最先在南方出现的，它与楚式床、鸟兽形鼓架和各种精美的竹编器等，共同组成了楚式家具的大家族。我国早期形态的古典家具，尤其是漆木家具的兴起，应是楚先民的一大贡献。

东吴朱然墓彩漆案、槅与凭几

朱然是三国时东吴的右军师、左大司马，出身于当时江南的四大家族（顾、陆、朱、张）之一。朱然墓的发现对研究东吴上层贵族的埋葬形式具有典型意义。所出土的大量漆器也是三国考古的一大发现，其中的彩绘宫闱宴乐漆案、槅（音 gé）和三足抱腰形凭几等，都是新发现的家具形式。

漆案呈长方形，四沿略高于案面，沿上嵌包鎏金铜边；案背面加有两木托，木托两端以方榫安四条矮蹄足，足已残。髹漆方式是先在木胎上贴一层麻布，然后髹漆。背面髹黑中偏红的漆，正中用朱红漆篆书一"官"字，正面中间髹黑红漆，四周髹红漆。主体图案为宫闱宴乐场面，共画 55 个人物，人物旁大多有榜题，如"皇后""长沙侯""虎贲""弄剑""女直使"等。上排左右分绘皇帝、皇后（大帐中）和诸侯、侯夫人等宴饮期间观戏的情景，下排以乐舞百戏场面为中心，两侧兼绘侍卫、从人和一干器。每个人物的神态各不相同，画面富丽而生动（见图 26a）。

彩绘漆榀亦呈长方形，木胎，子口，壶门形足，缺盖。榀四壁外侧及底部髹黑红漆，用金、绿、黑漆绘蔓草纹和放鹰图。榀内分为七个小格，在红漆之上用金、黑色漆分绘神禽或瑞兽。如其中最大的一格（上排居中）内绘双凤展翅对舞，左右两格分绘生有双翅的天鹿和神鱼，下面四格则绘有麒麟、飞虎、龙雀和双鱼。整个画面线条流畅，色彩浓艳而华贵，动感极强，在绘画与设色工艺等方面均是一件难得的珍品（见图 26b）。

漆凭几造型新颖。几面作扁平半月形抱腰式，两端与中间各置一曲蹄足，足与几面以暗榫相接；木胎外髹黑红漆，漆色光亮如新；弦长 69.5 厘米、宽 12.9 厘米、高 26 厘米，应是死者生前的实用器，也是现知最早的一件抱腰式凭几实物（见图 26c）。

从朱然墓所出的漆器来看，当时的漆画工艺已十

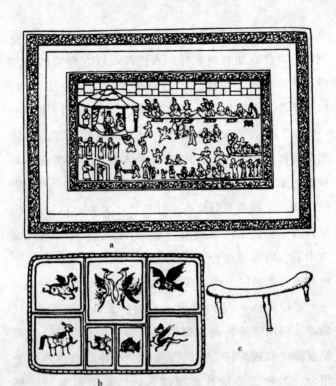

图 26 东吴朱然墓彩漆案、榻、凭几示意图

a. 漆案平面复原示意；b. 漆榻平面摹绘；c. 漆凭几

分高超，漆画用色有红、朱红、黑红、金、浅灰、深灰、赭与黑等，绘画手法娴熟，线条舒展优美，同时又蕴有刚劲之气，为东晋以后铁线描画法的发展奠定了基础。另外，以鎏金铜扣为代表的扣器和戗金锥刻、犀皮漆器的发现，也是这一时期漆器制作的重要成果。这批漆器中有的底部自铭曰"蜀郡作牢"，由此可知它们主要是蜀郡的产品。这不仅弥补了三国时期漆器缺乏的空白，而且在家具研究史上也是一次重要收获。

所出的凭几与漆槅，都是前所未见的新品种，漆案上的宫闱宴乐画面则是继汉代画像艺术之后的又一种新形式。

 4 明清几、案、桌形式及用法举要

经过唐宋时期的家具变革，明清时期的几、案、桌在种类、功能和制作工艺诸方面均取得了很大发展，尤其是几、案的形式和用法较五代以前的同类家具发生了明显变化。定名和称谓上也有很多不同，与席地而坐相关的几案类明显减少，而与垂足起居方式相关的几案类则明显增多。

根据造型和使用方式的不同，明清时期的几有炕几、香几、茶几、花几、琴几、条几（案头几）和凭几等。其中的炕几又可包括炕桌、炕案，它们主要是在炕上和床上使用，形制差别不大，功用相近，既可在其上放置日用杂物和食器，也可以供凭倚用。尺寸都比较矮小。称其为几、桌、案多是依据相近的形式和惯常的使用方式而言，如炕几一般窄而长，制作比较精致，其上常放单人用物；炕案较炕几更为长大，其与炕桌的区别主要在于腿足与面的两头是平齐还是缩进，上面一般不放饮食器具，而常置书卷或作办公用；炕桌乃是比类桌子而言，一般呈宽大的矮方形，在北方寒冷地区很常见，多作饭桌用。但总的来看，这三种家具的差别并不是很明显，其中又以炕几的形式最能体现明清家具的特色。这种炕几也是主要流行于北方地区，尤其适合于深宅大院室内设置的大木床炕。其形制较为低矮，制作手法比大型桌案容易发挥，因此形式也丰富多样。它不仅可以模仿大型桌案的做法，还可以采用几凳、屉柜的设计技巧，装饰上不拘一格。如采用有束腰的鼓腿膨牙（也作弧腿蓬牙）、三弯腿（S形腿）、无束腰的一腿三牙、裹腿、劈料和下加抽屉、格板等。

（1）炕几。鼓腿膨牙炕几（桌）的四条腿从束腰以下向外鼓出，形成拱肩；其下又向里弯转作弧形，下端削成内翻马蹄；内边牙不是平齐而是随着腿足的曲度向内张出，"鼓腿膨牙"即由此得名。三弯腿的做法，上部与鼓腿膨牙相同，但四条腿足向里弯后又急转向外翻，整个腿足略成"S"形（即三道弯）。这种造型一般都带有托泥。一腿三牙即指腿足上端装有三块各朝不同方向的牙板。此类做法的炕几一般需要在几面四边用宽材。四条腿侧脚明显，不用束腰。裹腿与裹腿劈料是模仿竹藤家具制品的一种做法。其与"券口做""罗锅枨加矮老"以及"落地枨"等，均是元代以后家具制作的新工艺（具体做法我们在"明清椅、凳、墩类型"一节已谈到）。直接采用桌子做法的炕几往往为直腿，包括有束腰直腿马蹄足和有束腰直腿罗锅枨加矮老等形式。至于炕几之下加屉、加格板的形式，则仿自屉桌与多层案桌。加屉炕几往往在屉内盛放酒具、文具或娱乐用品，加格板炕几则多在下层放置饮食器具。

从炕几的时代特点看，明式炕几一般都注重材料的合理使用，造型简洁而无过多的装饰，既实用又坚固。结构上以有束腰罗锅枨、有束腰鼓腿膨牙和高束腰等比较多见（见图27a）。而清式炕几与清式家具的特点是一致的，即崇尚华丽繁缛，用材厚重而富于变化，装饰性很强。结构上较明式炕几更为复杂（见图27b）。

（2）香几、茶几、花几。皆是以轻巧见长。香几的出现至少不晚于唐，而茶几与花几也在宋代均已出

图27 明、清炕几、香几和茶几示意图

a. 明式炕几；b. 清式炕几；c. 明式香几；d. 清式香几；
e. 明式茶几；f. 清式茶几

现。这三类几的形体比较接近，除少数茶几略矮外，基本形制都是典雅修长，故与炕几相比均属于"高腿几"。这些"高腿几"在明清时期普遍为上层社会所喜用，是装点门面、追求高雅的必需品。因此它们在用料上十分讲究，上品皆取自花梨、紫檀等名贵木材；造型上则崇尚高雅舒展，尤其是腿足的设计甚为精巧；装饰上除常见的烫蜡、髹漆和雕刻花纹图案外，还采用雕填、戗金和包贴等手法，特别是骨珠玉石类的镶嵌艺术更为发达。如几面嵌大理石、岐阳石、美玉和玛瑙，有的还嵌以五彩瓷面或楠木；嵌料的形状依几面而变化，如多角形、方形、梅花、葵花和圆形等，十分醒目。从文献记载和传世绘画、实物来看，香几的形制和种类最多，造型一般比较奇特，主要陈设于内室、书房或客厅等雅静之处，寺庙中也常用，目的在于烘托环境，增加宁静祥和的气氛（见图27c、d）。茶几与香几、炕几有很多相似或通用之处，多与会客、宴饮有关，造型上也基本不出后两类几的主要模式（见图27e、f）。而花几因室内室外均可陈设，故在制作上随环境而异，而且常常成双成对。大致说来，室内花几以典雅古朴见长，造型一般比较圆正规范，旨在与其他家具形成和谐的布局；室外花几则灵活多变，用料亦不限于竹本，其造型常能与盆景和山石花草等取得相映成趣的效果（见图28a、b、c）。

（3）琴几（琴桌）。在明清时期也很常见，其中有不少设计成桌案的形状，唯其高度比一般桌案稍矮（更适合设琴弹奏），平面也比较窄长（长宽之比约3

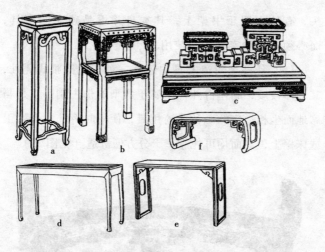

图 28　明、清花几和琴几示意

a. 明式花几；b. 清式花几；c. 清式花几；d. 明式琴几；
e. 明式琴几；f. 明代琴几

:1)，而且两端不上卷，是为琴的具体形状专门设计的（见图 28d）。另有一些琴几的形式很是新颖别致：整体用三块板拼合而成，两侧的挡板多做成卷书式，侧面或雕有图案，或挖成圆洞，上角间常嵌以券门牙子，造型上不露锋芒，线条圆润流畅，颇有仿古情趣（见图 28e、f）。此外，在清人叶九如辑《三希堂画宝》中，还有将一长琴置于两件高足卷头几之间进行弹奏的场面。

（4）条几（案头几）。形体矮小雅致，用途上则近于多宝格，专供陈设古玩珍异之物，有的也放以书籍。这种几往往越矮越雅，据《燕闲清赏笺》一书记载，"书案头所置小几，维矮制佳绝"，其式以"一板为面"，大者"长二尺，阔一尺二寸，高三寸余"，更有长不足尺，高仅寸余的。这种几主要放于案头或床头，有的也置于书架上，其本身并不是独立的家具，而必须与其他家具配合使用。

（5）凭几。明清家具中还有一种三足抱腰式凭几，其形体较矮，制作古朴，已属于典型的仿古制品，是与席地而坐相适应的一种凭倚用具，使用时将几置于席上或床榻上，三面均可凭靠，十分方便舒适（见图29）。

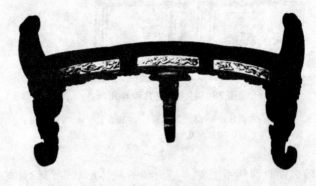

图29　三足抱腰式凭几

（故宫藏，清康熙年间）

（6）桌、案。明清时期的桌子用途非常广泛，是家庭生活的必需品，故桌子的种类和形状也比较多。方、圆、长、短、大、小、高、矮，不一而足。其中最常用、最普通的便是方形或长方形木桌与油桌。它们结构合理，坚固耐用，长期以来深受人们的喜爱，直到现在江南地区还在广泛使用明式油桌。方桌的形体较油桌要短，尺寸小者称"六仙桌"，较宽大的则称做"八仙桌"（见图30b）。后者在北方地区很常见，不少地方还能见到典型的明式八仙桌。这种桌每边可坐二人，四边合坐八人，"八仙"之名即取于此。明式方桌的结构有一腿三牙罗锅枨，喷面、罗锅枨加卡子花，无束腰攒牙及挖角牙等多种形式。另外还有一种两用方桌，可以去掉支架在炕上使用，安上支架置于地上则成为高方桌，是为适应北方地区炕床（冬）、地面（夏）双向生活而设计的一个新品种。

图30　明、清酒桌、圆桌、八仙桌示意

　　a. 明式酒桌；b. 清式绳纹连环套八仙桌；c. 清式三弯腿月牙桌组合

　　酒桌是一种小型的长方桌，其前身应是唐宋以前流行的四足条案，明代在北方很常见，做工精巧别致，有的设计成双层或屉桌形式，康熙时期逐渐减少，后为炕桌所取代（见图30a）。

103

明式圆桌一般由两张半圆桌拼成（见图30c），也有整面的折叠桌和独腿圆桌等。半圆桌也可以分置，称"月牙桌"，下施以三足。折叠桌仍是继承了传统形式。独腿桌多是由一束腰形腿居中支撑，清代开始流行，腿部雕饰细致精美。

条桌和条案都属于狭长的高桌类。一般将腿、面齐头安装的称桌，腿足缩进安装的称案，但案的形式更在于两头上翘或有卷边等，具体形制各有不同。明式条桌与条案主要以简练疏朗见长，部分作品也颇有富华之气；清式作品在造型上并没有太大变化，但装饰风格则追求豪华、精细，外观上与明式桌案有着较大差别（见图31a、b、c、d）。

架几案在清代称做"几腿案"，颇为形象。它的特点就是由两几承架面板，而不采用普通桌案四角安装腿足的样式（见图31e）。

画桌、画案、书桌、书案等皆是依其使用方式而得名，是供人作画、看书、写字的用具，其尺寸一般都很宽大，便于摆放书卷、用具和纸张等。它们之所以区别为桌、案，也和条桌、条案一样，是由腿足安装部位的不同而定名的。明代的制品往往采用一腿三牙罗锅枨、四面平或喷面等做法，清代则在工艺、装饰上进行创新，体现厚重华丽的特点。不同的制作工艺和装饰风格，适用于不同类型的家具。例如桌子求其平正，边沿不宜翘头或雕花，案求其宽长，故在造型上便有平头案与翘头案之分。家具的制作离不开它实用的一面，是实用性与艺术性的有机结合。

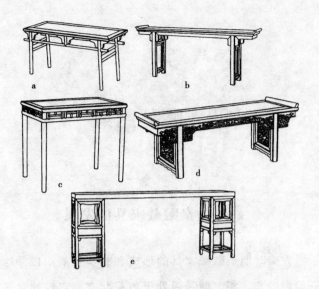

图 31　明清条案、条桌、架几案示意图

a. 明式条案；b. 明式条案；c. 清式条桌；d. 清式条案；
e. 明式架几案

四 贮藏用具

先秦贮藏家具的发现

先秦时期是贮藏家具的形成和初步发展阶段。这一阶段的箱、柜、橱等尚处于萌芽状态，它们的含义与现在的同名家具有所不同：箱原指车箱，即车内放物之处。箱为贮物之器是东汉以后的事，但与箱相似的器形则早已出现。柜最初与椟（音 dú）、箱、匣等区别不大，做工一般比较精细。《说文》："椟，匮也。"匮（音 guì）即柜，柜内所藏之物自然是主人比较看重的东西。如《楚辞·七谏》："玉与石其同匮兮。"言宝玉才可存柜。而《韩非子》所记郑人买椟而还珠的故事正说明当时的柜类制作是相当精美的。至于橱，先秦写做厨。《论衡·感虚篇》记秦王许燕太子丹归国的条件有："厨门木象生肉足，乃得归。"这里所说的"厨门"即西周方座铜簋（鬲）的座上所常设的两扇门，门间铸出守门之刖者（一只脚被砍掉的人）。这种木象生在后来的橱门上仍能看见，说明先秦或已有橱，只是目前未见这方面的实物。与箱柜形制接近的家具名称，在汉代以前有许多种，如笥（音sì）、箧（音 qiè）、筐（音 fěi），匴（音 suàn）、簏（音 lù）、笈（音 jí）、笲（音 fán）、箪（音 dān）及上面所说的椟、匣、匮等。其形或大或小，或圆或方，所盛之物亦各有区别。

最早的箱形器具出现于原始社会末期，是为存放死者的随葬品而专设的。当然，盛敛死者的棺也可以看做一种"箱"，只是这种箱与后来箱的用意明显不同。距今 7000 年前后出现了用石板砌成的石棺。后来又出现了木棒垒成的木棺。而真正作箱子形的棺，是在距今 5000 年以后才出现的。这种棺箱的铺筑方式是先在底部排一层原木，再于原木之上垒成井字形棺框，最后在棺框上铺一排原木作棺盖。棺框与棺底和棺盖的原木间尚未榫接，但棺框四角的木棒交叠处已采用简单的搭边榫。到距今 4000 多年前的龙山时代，在棺的前后或左右开始出现了初始形态的"箱"。如山东临朐西朱封龙山文化大墓中就发现有比较规则的边箱、脚箱和角箱。山西襄汾陶寺大墓中还出土有放于俎上的长方形匣状物。这些箱、匣等皆施有彩绘花纹，平面作方形、圆角方形或长方形。因保存太差，边框结构与高度等已不可知。

夏、商、周时期是贮藏家具走向成熟的阶段，箱、盒、匣、笥等形制在这一时期相继形成了自身特点，制作工艺和使用功能也日趋完善。如在河北藁城台西商代墓葬中就发现有镶嵌绿松石的绘彩漆木盒，盒上雕刻有饕餮纹、夔纹和云雷纹等，有的盒内还放有石砭镰。类似的箱盒类漆木用具在殷墟大墓中也时有出土。如武官村大墓虎纹石磬出土时，其下面与两侧发现有精致的雕花木板。由此我们推测，此件石磬原或放于用这种木板做成的箱盒内。这种箱盒在春秋以后较多见，曾侯乙墓的32枚石磬便是分放于三件大型带槽磬盒中，时代相当于西周时期的盛贮器具也已发现不少。陕西扶风云塘西周墓中曾发现形体小巧的漆木盒；长安沣西西周墓和宝鸡弤国贵族墓等曾发现有漆木胎之外包镶刻花铜皮的方、圆木盒；山西天马—曲村晋侯墓中则发现有制作精美的带盖铜方彝、龙首人形足带盖铜方盒及人形足鸟盖铜提盒等（见图32）。春秋时期，木器制作工艺的进步可从棺椁结构中充分体现出来。棺椁板材的拼接、交合等已普遍使用榫卯。棺外通常髹漆，有的还绘以精美华丽的彩绘花纹。而在春秋中晚期的秦公一号大墓中，规模空前的巨型木椁和木棺，则向我们展示了春秋时期高等级的"黄肠题凑墓"。该墓墓室底部还葬有箱殉者72具、匣殉者94具。前者葬具呈箱形，后者葬具较前者更小，称为"匣"。另从棺椁结构相当清楚的河南信阳春秋早期黄君孟夫妇墓和湖北当阳曹家岗五号春秋楚墓来看，当时的榫卯形式和加工工艺已相当发达，构件之间衔接紧密，十分牢固，木材加工技术又较夏商时期有了新的飞跃。

至于同样具有贮藏功能的青铜器具，西周至春秋时期更为普遍。其中最流行的品种有带盖列鼎、列簋、簠（音 fǔ）、盨（音 xǔ）、盒、敦等，体现了青铜家具

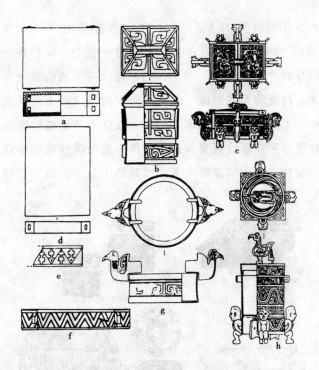

图 32　西周至春秋时期的小型贮藏器示意

a. 张家坡西周墓漆木包铜方盒；b. 晋侯妇人墓铜方彝；
c. 晋侯妇人墓龙耳长方盒；d. 黄君孟姬墓木胎长方铜盒；e.
长方铜盒盒盖花纹；f. 长方铜盒盒底花纹；g. 宝鸡茹家庄 2
号墓鸟耳木胎铜圆盒；h. 晋侯妇人墓方座高筒提盒

的时代特点。

　　战国时期是楚式家具大发展的黄金时代。仅就箱
盒类而言，楚地所发现的数量比其他地区的总和还要
多。其种类主要有衣箱、文具箱、工具箱、酒具箱、
食具盒、剑盒、矢箙（音 fú，盛箭的盒子）以及漆木
奁盒、竹笥、竹篋和磬匣等。

　　衣箱在曾侯乙墓中出土了 5 件，它们形制相同，

大小有别（见图 33a、b）。在一件自铭为"智（音 hū）"并刻有"紫锦之衣"文字的箱盖上，保存着一幅写有"二十八宿"名称、当中绘北斗、两边各绘青龙、白虎的天文图像，由此可知中国是世界上最早创立二十八宿体系的国家。另外，独见于该墓的贮藏器具还有一件彩绘鸳鸯漆盒、一件直栅足深浅腹多格调味橱和三件大型漆磬匣等，也都是十分罕见的工艺精品。

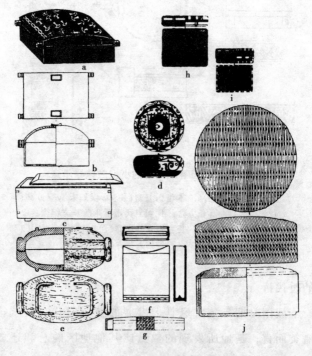

图 33　战国时期的贮藏用具示意

a、b. 曾侯乙墓箱柜；c. 长台关 1 号墓文具箱；d. 雨台山楚墓彩绘漆奁盒；e. 曾家沟战国墓双耳木杯具盒；f. 雨台山楚墓矢箙；g. 溪峨山楚墓匕首盒；h、i. 雨台山楚墓竹笥；j. 曾家沟战国墓竹筒

文具箱和工具箱在信阳长台关 1 号墓和江陵望山 1 号墓中各出有 1 件，皆呈长方形。盖、身以子母口扣合，盒下四角各一足，通体髹黑漆（见图 33c）。

酒具箱分别见于曾侯乙墓、荆门包山 2 号墓、马山砖瓦场 2 号墓、望山 1 号墓和拍马山 7 号墓等。其中以包山 2 号墓的酒具箱保存最好。该箱出土时套于皮囊内。箱体系整木雕成，外形呈抹角长方形，两端雕作变形夔首状，箱面与盖身扣合处雕有方格云纹带，箱内以嵌槽横隔板分作四部分，两边分置漆耳杯两套、木胎漆酒壶两件，中间大隔中覆扣漆盘，小隔中无物。箱下有四个云状足，箱两侧各有一个与盖相对应的把手。此酒具箱外髹黑漆、内髹红漆，通长达 71.5 厘米、宽 25.6 厘米、高 19.6 厘米。

食具盒（箱）在曾侯乙墓、望山 1 号墓和江陵马山砖瓦厂 2 号墓中均有发现。其中曾侯乙墓的一件食具箱内尚放有双格小长盒、四系罐和带盖圆盒等饮食器多件。这类食具盒在秦汉以后十分流行。

漆奁盒与竹编的笥、簏等在大部分楚墓中都有发现，形体有大有小，有高有低。奁盒主要用以存放梳妆用具，一般装饰都很精美，常是盒中套盒，到秦汉时期已形成典型的多子盒；笥、簏则存衣物、食品、文具和珠宝等，编织纹样以人字纹为主，部分笥、簏还髹漆绘彩，制作工艺相当精细（见图 33d、h、i、j）。江陵雨台山楚墓所发现的箱盒类器具中，最典型的是剑盒与矢箙等。前者出土了 22 件，后者出土了 5 件。剑盒皆用整木雕成，分盖、身两部分。盖与身以子母口结合，里面装有带鞘的剑。盒内外均髹漆，有的在中部还有"回"形纹。矢箙呈扁长方形，由箙座，内、外壁板，前、后挡板构成。箙座中间挖成凹槽形，凹槽中间起脊；座的两边和壁板下端各有对应的18个小孔，用以穿绳；壁板下端用麻绳拴于座上，上口前低后高，呈弧形。通体髹黑漆，口沿上髹红漆（见图33f）。

至此，贮藏类家具已走向成熟。箱，以及类似的盒、奁、柜（匮）、橱和竹编的笥、篋等，在秦汉以后均得到空前发展。

前蜀王建墓的册匣、宝盝和
银平脱漆镜盒

五代前蜀皇帝王建（847～918年），死后葬于四川成都三洞桥西北，史称"永陵"，明清时期被附会为西汉司马相如的"琴台"。该墓虽几经盗掘，但仍出土有不少精美的随葬品。其中比较突出的一类便是装饰金银的漆器，漆器中最华贵的是册匣、宝盝（音 lù。通簏，皇帝承天受命的宝函）和银平脱漆镜盒。

册匣乃盛放玉册的木制漆匣，分哀册匣和谥册匣两具（哀册与谥册皆为哀悼与颂扬皇帝的祭文）。匣的形体长达2.32米，宽、高分别为45厘米和22.5厘米。底座呈三级叠涩式，边线挺直，盖与身以子母口扣合，前面距中加有银环铁锁，前后装两对银提环，环钮呈象鼻状，底有铁质包银大抬环一对。匣盖与底座上下镶五周银箍，用银钉钉牢。装饰方法是先通体髹朱漆，再于盖面之上嵌以纯银镂刻图案；图案内容以双凤、双鹤和双孔雀组成的五个团花为主题，周边围有十二组双狮图样，团花间补以忍冬纹图案。整个画面布局协调，纹样绚丽精美，充满了生动气息（见图34a）。

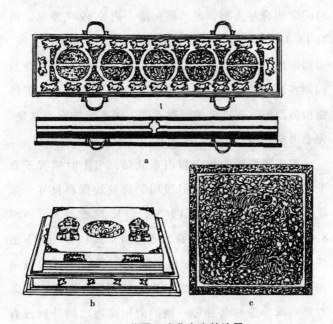

图 34　前蜀王建墓出土的漆器

a. 册匣；b. 宝盝；c. 银平脱漆镜盒

宝盝为珍藏谥宝的双重木制漆盒。外盒作须弥座式的方台状，最大边长 76.7 厘米、高 20 厘米，通体髹朱红漆。方体盒盖套于束腰盒身之上，盖外两侧装银质提环。盒身设计成类似须弥座的束腰形，上层台面方平，两级叠涩而出；底座呈三级阶梯形，较上层台面宽出一级，与盒盖组成一个稳重的三层方台状。

其装饰内容一是在上下最突出的部位镶三周银边，银光朱彩交相辉映；二是在盖面正中饰上下对翔的团凤，两侧各守一金甲武士，四角配以角花；三是在盖的四侧面各绘一对寿鸟，两边托以云纹；四是在盒身束腰的每一侧各饰四只水鸟，两两相对做起飞状（见图34b）。内盒呈方形，通体髹朱漆。边长59.7厘米、通高14.4厘米。盒盖两侧装银提环，前后面装钮上锁。盖面饰团龙，两旁亦守以金甲武士，四角补花；盒盖四侧各饰一对雉鸡，盒身四侧各饰一对花凤，上下外镶银边四道。双重宝盝形制不同，图案装饰富丽堂皇，完全可与陕西扶风法门寺地宫的舍利宝函相媲美。

银平脱漆镜盒出于棺内东北角，出土时镜置于盒上，镜盒的木胎已朽，但银质平脱花纹保存良好，朱漆纹彩清晰可辨。镜盒呈方形，边长27.5厘米，高在8~9厘米之间。盖与盒身以子母口形式扣合，上下边棱与口部有四周银平脱贴白（镶边），盒上的子口系采用Z形银扣。盖面满饰以丽春花纹图案，图案中心刻双狮戏球。盖与盒身每一侧的两银镶边之间分别嵌有银质条枝花纹和丽春花纹各一道。图案结构以花、叶为主，两边各配一瑞雀（见图34c）。

有关银扣和平脱漆器在五代以前的文献中早有记载，但施于册匣、宝盝的银扣漆器却以此为最早，银平脱漆镜盒亦为目前所出最精美的平脱器之一。册匣与宝盝的具体形状在宋以前已有定制，只是在制作工艺上有金银繁简之分。王建墓的这三类漆器以采用精美的银扣和银平脱花纹为特色，应是继承了广汉、蜀郡漆器的传统制作风格，在造型设计和装饰工艺方面则更加精巧别致、匠心独运，显示了五代时期四川地区漆器制作的高超技艺。

 ## 3　明清箱、柜、橱一览

箱、柜、橱在两汉时期均已出现，但由于席地起居生活方式的局限，这几类家具在很长时期内并未得到明显改观。箱、柜的形体一直以小型、低矮为特点，造型结构与装饰手法均比较单一；而橱在宋代以前更少使用，因而也就谈不上能有大的发展。新型箱、柜、橱的大量出现是随着垂足生活方式的确立而兴起的，它经历了晚唐至五代时期的更新，宋元时期的迅速发展和明清时期的兴盛与完善。尤其是明初以后，家具制作工艺的发展为贮藏家具的创新提供了技术条件，而当时的社会需要则是新型贮藏家具产生的直接动力。在这种情况下，以存放、贮藏为特点的箱、柜、橱类家具走向了空前繁荣的时期。

明清箱、柜、橱的品类十分繁多，功能与造型非常齐全，使用上也各有讲究。归纳起来，大体有箱、柜、橱、柜橱、架格等几大类，每一类又可根据所放的物品而有许多专用的名称。这些物品从衣服被褥、珠宝珍物，到书籍、食品乃至日常用物等，不一而足。而从发展特点上来看，明式与清式箱、柜、橱的制作工艺、造型风格及装饰手法等也有比较明显的差别（见图7、图9、图35）。

图 35　明清箱、柜、橱比较

a. 明式手提箱；b. 明式三屉矮柜；c. 明式一封书式圆角
柜；d. 明式四件柜；e. 明式雕花亮格柜；f. 明式螭纹联二橱；
g. 清式百宝箱；h. 清式两件柜；i. 清式兽足雕花衣橱

　　明清时期的箱类制作有三大特色。一是用料越来
越讲究，其上品多用紫檀、花梨、红木等名贵木材，
因箱子多盛以珍贵物品，故在制作时以坚实、耐用为
先，接缝、拐角和开启处多加以金属包边、角叶并上

锁，盖口多在前面，而很少再有上面启盖者。二是箱子的造型与结构又有新变化，如竖向开门内加多屉的"百宝箱"、书箱，启盖后内设多格的手提箱，以及箱下施托泥、施足、施座或者外包藤、皮及加绒面等，形式较前代要全得多。三是装饰手法上求新求异，风格多变，至清代更是花色繁多。

柜的形体一般比较高大，可以存放大件或多件物品。它在明代已成为室内的常备家具。陈设时或并列放置，或在大厅两侧相对而设，既典雅庄重，又美观大方，在家具中占有十分突出的地位。柜的基本形式是有对开两门，柜内装樘板数层，两扇柜门中间有立栓，柜门和立栓上钉有铜饰件，一般加有铜叶锁。具体来说，柜又可分为方角柜和圆角柜两大类，每类又可细分为多种。就方角柜而言，"一封书式"是指上无顶箱的单独立柜，外形看起来颇像一部有函套的线装书。另一种是在立柜上还加设顶箱或另安一节矮柜，其长和宽与下面的立柜相同，上下合为一体，也叫"顶竖柜"或"两件柜"（见图7、图8）。此外，柜上或柜下加屉的情况也比较常见，柜内的结构更是不拘一格。圆脚柜的四边与腿足全由一木连做。因一般都使用圆材，棱角不十分突出，故称圆角柜。这种柜有两门和四门的分别，大都形体高大，常采用轻木料制作，内外衬麻髹漆，而硬木圆角柜比较少见。圆角柜的特点是稳重大方，轻便耐用；其用料多比较粗壮，侧脚、收分明显。它的另一特点是柜门与边框间不用合页，而在门轴上下两端做出轴头，上端插入边框顶边的圆孔，下端与下边框两侧的圆坑对合后，开关自如，必要时还可以把柜门取下。四扇门圆角柜比两扇门的宽大一些，靠边框的两扇门上下两边做出通槽，并在边框的上下两边钉有与门边通槽相吻合的木条。装置时把门边通槽对准木条推合，互相卡实，门就不能开启了，但它可以摘下来；中间两扇门则与两门圆角柜的设置相同。圆角柜也有许多形式，其下有的也加屉，造型结构更是复杂多样（见图35c）。

柜在明代已非常普遍，其功用与箱类似而较箱更广。大件的床上用品、贵重物品以及书画等皆主要放于柜中；小型的柜还被用以盛放药品、装饰品及文具等，这类柜与箱的界线常不太明显，多是箱、柜混称，二者的亲缘关系由此可见一斑。清式柜的特点与明式柜接近，唯用料更为讲究，形体不断向高向宽发展，装饰上追求华丽，边面多雕花或嵌以名贵玉石等。另外，三件柜、大型组合柜的出现，也是清式柜的新特点（见图9、图35i）。

橱本做"厨"，原指厨屋，后来把像厨屋的贮藏用具称做"橱"或"厨"。其形体较箱、柜都大，主要用以存放食物和食具。至于类似柜的橱，出现时代较晚，功能也有所变化。如晋《东宫旧事》中就曾记载："皇太子初样，有柏书厨一，梓书厨一。"这里的厨（橱）已用于放书。宋代始见带抽屉的橱和立柜式橱。元代以后的橱可分桌案式橱与立柜式橱两类，它们在明代已相当完善，造型及功能均较前代有明显发展。桌案式橱的形体与桌案相似，高度与桌案差不多，橱面也可作桌案使用。面下安抽屉，两屉的称"连二橱"，三屉的称"连三屉"，还有四屉的。但总起来说都可以叫"闷户橱"。这是因为其结构有一个共同点——橱的抽屉下都有个闷仓，把抽屉拉出后，闷仓内也可存放物品。这类橱是在桌案的基础上改制而成的，功能上较桌案发展了一步。其中形体较小的一种又可单列为炕橱，是炕上、床上常设的一类家具（见图35f）。

立柜式橱也叫"柜橱"，兼有柜和橱两种功能。其基本特点是"上柜下橱"，即上面采用柜的双开门形式，其内加挡板或屉，柜下连通一个深仓，如同闷户橱的闷仓。这种结构可以说是后来衣橱的直接前身。柜橱的变通形式是柜上加屉、加格或柜下加屉、加格，称呼上不太一致。直接在柜上加屉，形体与桌案相近的又称矮柜、桌柜等，其形体不大，高度相当于桌案，外观有点像闷户橱，上面也可以作桌子用，面下安抽屉；但屉下采用的是柜子形式，竖开门内装檔板，门上也有铜质饰件并可上锁（见图35b）。这种家具设计比较灵活，有的在屉上不是做成桌面而是增设宽敞的架格，也有的在柜子上下均设屉，在室内陈设时颇觉新奇雅致，是当时比较流行的样式。柜橱下面加屉的形式在明代不多，清代以后渐趋流行。因为明式柜橱多较低矮，下面加屉时抽拉不太方便。随着清代柜、橱的不断增高，下面加屉、加格的情况也越来越多，橱顶多做出冰盘沿，前面雕做西洋式建筑的高额及蕃草纹等。这种造型在近代更是盛极一时，代表了典型

119

的广作风格（见图 35i）。

除形体方面的变化外，清式橱的装饰风格也同柜一样十分注重雕磨、镶嵌工艺，紫檀等名贵木材成为时尚追求的目标。大型衣橱、壁橱等较明代更为多见，橱的种类和功能更加齐全。

与柜、橱功用相似的家具还有架格，它以敞亮、大方、存取便捷、可供观赏为特点。主要用于存放书籍、器具和文物古玩等。它一般可在两侧及后面设有栏杆、背板，并用板框分出大小不同的格层。明式架格一般很少装饰，简练的造型与光洁的木色纹理十分协调。结构上普遍以横置槎板分层，两侧常以短材攒接成棂格栏杆。清代的架格往往施以雕饰，形体变化较明代架格要多，结构上则常见在横板之上又用竖材分隔成许多大小不同的空格形式，其上可以摆设多种奇珍异宝，故又称为"多宝格"或"多宝塔"，形制颇为精巧。除多宝格之外，还有一种为盛放书画等而专设的带柜架格，又称亮格柜，是书房、客厅内常用的家具。其上部做成亮格，下部做成柜子，有的中间还加屉，既实用又美观。

五　张设用具

乐器陈设方式谈往

　　拥有数千年文明的中国，乐器的出现甚为久远。在距今 8000 年左右的河南舞阳贾湖裴李岗文化墓葬中就曾出土十余支骨笛。骨笛是用鸟腿的骨管制作的，管壁上多钻七孔，不仅发音准确、优美，而且有的已是七声音阶齐备，这在世界音乐史上都是十分珍贵的。在距今六七千年以前的河姆渡文化及仰韶文化早期遗址中还出土了骨哨和陶哨，这些哨后来又发展为埙（一种卵圆形的单音孔或多音孔吹奏乐器）。笛、哨、埙形体既小且轻，一般是随身携带，并不需要为它们制作专门的陈设用器。而到距今四五千年的原始社会晚期，以磬和鼓为代表的两种大型乐器相继出现了。磬又称"鸣石"，是一种大型的石制打击乐器。它最早出现于距今四千多年以前的中原地区，以山西南部的陶寺龙山文化发现最多。这些石磬形体硕大，声音清越洪亮，一般重达上百斤。在磬体最宽处的上端（脊部）往往钻有一孔，以为悬挂敲击。挂磬的架子形状今已不知，但必然是相当稳重，从后来的磬架推测，其形也应当近似"冂"形，或是利用树杈、亭梁等。这类"磬架"可以说是最早的专用乐器陈设（见图36b）。

在石磬出现的同时，另一种打击乐器——鼓，也相继出现了。当时的鼓有陶鼓、木鼓和鼍（音 tuó）鼓等，主要发现于黄河流域。陶鼓在甘肃和青海的马家窑文化半山—马厂类型中均有发现，山西襄汾陶寺龙山文化墓地中也出土了多件，简报称之为"异型陶器"或"土鼓"。半山—马厂类型的陶鼓皆有高束腰鼓腔和大喇叭形鼓座，座下缘有一周倒钩，顶端多呈小口鼓腹杯状，杯与座的下部有对称的两个鼓鼻，表明这种鼓可以背在身上，每当娱乐时就可以随时敲击，是一种比较方便的打击乐器（见图36a）。这种鼓的表面多绘彩，纹样以锯齿、三角、曲线和条带最常见；鼓的两端皆可蒙以皮革等，大口下的倒钩与小口下的束颈皆是为了扎紧鼓面。背挂时鼓腰贴于身侧，不易来回摆动，它与后来的腰鼓很可能有渊源关系。陶寺的"土鼓"多呈高颈葫芦状，上下相通；上有一细长颈，颈口饰一周乳钉（与后来鼓面下缘的乳钉用意相同），颈下有左右对称的两个鼓鼻；下腹膨鼓，偏下侧有对称的三个斜柱孔，正下端收成小口。这种鼓通高在80厘米以上，腹部饰绳纹，并用泥条贴成花瓣纹图案（见图36d）。其用法当与前者不同，不便背于身上，必须悬挂起来拍击。至于这种鼓的架子形态，或与磬架类似。

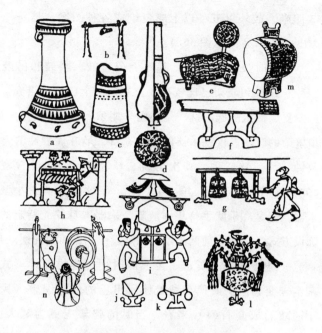

图 36　汉代以前的乐器陈设示意

a. 陶鼓（民和阳山）；b. 陶寺石磬悬挂方式推测；c、d.
鼍鼓和土鼓（陶寺）；e. 鹿座鼓（溪峨山楚墓）；f. 筝（姚家
港二号楚墓）；g. 撞钟（沂南画像）；h. 击磬（武氏祠画像）；
i. 建鼓舞（河南方城东关画像石）；j、k. 应鼓（南阳画像
石）；l. 建鼓（沂南画像）；m. 铜鼓（崇阳）；n. 演奏錞于和
铜鼓的场面（石寨山 12 号贮贝器）

　　木鼓与鼍鼓形制相同，唯后者的鼓面专蒙以鳄鱼
皮，故称其为"鼍鼓"（鼍也叫鼍龙或扬子鳄，是鳄鱼
的一种）。这类鼓在陶寺及山东龙山文化的临朐西朱封
和泗水尹家城大墓中都有发现。以陶寺大墓出土的鼍
鼓保存较好。外形呈高筒状，当为树干挖空而成，壁
外施以彩绘，鼓面蒙以鳄鱼皮。其中 3015 号大墓所出
的一件鼍鼓高达 1 米以上，上下口径分别为 57 厘米和

43 厘米，鼓外以五种以上彩色绘成各种图案，是一件杰出的艺术品（见图 36c）。

从这时鼓的陈设看，基本上分座鼓、腰鼓和吊鼓三种。鼓座和鼓架已比较高大，在造型上已颇为讲究。

夏、商至战国时期，是中国早期乐器由发展走向初步繁荣的时期。仅就乐器的陈设来看，最有代表性的要数钟、磬、鼓三种，其次为铙、琴、瑟、筝和镈（音 cún）于等，至于箫、笙、竽、篪（音 chí）等单件小型乐器，多是靠乐队手持集体演奏，乐器本身并无特定的陈设方式。下面就前两类乐器的陈设形式作简要介绍。

一是磬与钟。夏、商至战国时期，磬的陈设形式基本未变。但从商代都城殷墟所出土的成组编磬（大小递减的成套石磬）来看，当时的磬架应更为宽大，制作更为精美。殷墟武官村大墓曾出一虎纹特磬（即单件的大磬），磬下与两侧皆发现有长方形雕花木板痕迹，这些木板应是专为此磬制作的磬盒，说明该磬不用时是放在木盒之中的。

在石磬发展的同时，与磬相配的另一种金属打击乐器——钟，在商代以后也迅速兴起。钟一般认为是从铙发展而来的，铙本为手持打击乐器，但由于铙的不断增大，手持愈来愈不方便，于是改支托为悬挂，加以钮、环，从而形成了甬钟和钮钟等。钟与磬合奏金石之乐，二者皆是悬挂于高大的钟架或磬架之上，少者三、五枚，多者十数枚，最多的一架可挂 65 枚。这种钟磬陈设的宏伟巨制在 1978 年发掘的曾侯乙墓中向今人展示出来（见图 37a、b）。

图 37　曾侯乙墓的乐器陈设

a. 编钟陈设；b. 编磬陈设；c. 虎座鸟架鼓；陈设（复原）；d. 建鼓陈设（复原）

　　曾侯乙墓是战国早期曾国国君乙的墓。曾国虽是一个小国，但此墓却出土了编钟、编磬、鼓、琴、瑟、笙、排箫和篪八种乐器达125件，既有管弦乐器，又有打击乐器，可以说是中国早期乐器的一大宝库！其中以编钟和编磬的陈设规模最为宏大，尤其是65件编钟，最大的一件高153.4厘米，重203.6公斤，整套编钟重达2500公斤以上。编钟按形制大小和音高为序分成8组，悬挂在铜木结构的三层钟架上。各层横梁两端均套有雕龙、雕螭的青铜端头榫，其间的方木梁髹漆绘彩，并雕饰多种几何花纹；下层部分甬钟之上的横梁挂钩铸成附虎形。中、下层横梁的端头榫下和拐角处各铸有 3 个佩剑铜人撑柱，铜人以头和双手顶托横梁，并通过横梁的方孔以子母榫牢固嵌接；在较长的一侧中部还有上下对应的铜柱，用以加强钟架的承托力。最下层的铜人立于圆形柱础之上，柱础表面雕满了盘曲交织的蟠龙，并在周围装有一圈铜环。全套钟架由 245 个铜木构件组成，可以拆卸。钟架近旁还有 6 个"T"字形髹漆绘彩的木钟锤和两根彩绘髹漆长木棒（指挥棒？）。与钟架较短一侧相对的另一面放有一架编磬，编磬分两层，每层两组（一组 6 枚，一组 10 枚，共计 32 枚）。磬架全系青铜铸造，横梁作圆柱状，下有成排的悬磬钮；上层横梁端部铸成蟠龙形装饰，上下层横梁间为圆柱，柱上端有托，中间有扁球状凸饰，下端内曲后又向外弯下，与两鸟形撑柱的头顶相连接，使得整个磬架造型轻灵飞动，与钟架的沉稳浑厚形成鲜明对比。这样，两架庞大的编钟和编磬成"冂"形列于大墓中室的三面，再现了墓主生前在殿堂内欣赏大型乐曲时的情景。据该墓所出的三件漆木磬盒来看，磬架上的 32 枚石磬均可依其编号放入相应的磬槽中，另有 9 枚石磬未被随葬，原有石磬总数当为 41 枚。另外，在距曾侯乙墓约百米的擂鼓墩 2 号墓中也出土了成套的编钟和编磬，只是规模要小。其中的编钟共 36 枚，分别悬于两层钟架之上，钟架造型与前墓的钟架相似，也是少有的大型编钟陈设之一。

二是鼓。鼓最先出现于北方，但商周以后的鼓却以南方最流行，尤其是楚文化的彩绘漆木鼓和云南滇人的铜鼓，不仅造型精巧别致，而且制作工艺十分精湛，分别成为这两个地区最富有特色的典型器之一。从目前上百件楚式漆木鼓及其支架的发现来看，其中的大部分皆为虎座鸟架鼓。即鼓的两侧各有一背向的凤鸟，鼓悬于两鸟的冠尾之间，凤鸟引颈昂首，有的在鸟身插一对外张的大鹿角，做展翅欲飞状；鸟足颀长，立于伏虎背上；二虎翘尾昂头，背向而卧（见图37c）。鼓框、鸟身和虎座均满绘彩漆花纹。虎座旁常有二鼓槌。与虎座鸟架鼓类似的还有鸟架悬鼓、虎座鼓和鹿座鼓。鸟架悬鼓的鸟足下无虎座。虎座鼓的虎背上无鸟，而是直接托鼓（这种插座鼓在信阳长台关楚墓和长沙浏城桥1号墓等均有发现，是后来"建鼓"的早期形态）。鹿座鼓是在一木雕髹漆的卧鹿背上插一小木鼓，这种鼓多用整木雕制；卧鹿的头、颈以榫卯拼接而成，多作昂首侧视状，头上皆有鹿角或插角的榫眼，整体造型十分精美（见图36e）。从鼓的质料和形制看，漆木为框、皮革作面是当时鼓的基本制作方式，另有一些小型木鼓或木柄手鼓。除上述漆木鼓以外，湖北崇阳白霓还发现了一种方座式铜鼓。这种鼓以凝重浑厚为特点，鼓下为方体鼓座，四面各有一近"冂"形门，鼓上有一马鞍形横梁，梁下有一孔，应是为抬鼓穿绳而设的。鼓座、鼓身和横梁皆铸有粗细饕餮纹，近鼓面的边部铸有成排的乳钉，鼓身造型仍模仿了木鼓形态（见图36m）。此鼓时代属于商代晚期，为目前所知最完好的早期铜鼓实物。而云南滇墓中所出土的大量铜鼓（主要属于战国至西汉早期）则与崇阳铜鼓明显不同。这些铜鼓的最大特点是呈束腰状。鼓面宽平，中心一般有放射状太阳纹，其周围环以凸起的同心圆；鼓身自早而晚不断加高加大，腰部亦越来越粗，鼓腰之间铸有供悬挂的环钮，称"鼓耳"。鼓座呈大口喇叭状，其下无底。关于这种铜鼓的陈设方式，在云南晋宁石寨山12号滇墓出土的贮贝器上反映最为明显：由两十字形座支撑的粗柱之间横穿一长杆，杆上分别悬有一面铜鼓和一件錞于，一人双手各持一鼓槌在敲击（见图36n）。从该贮贝器上的画面看，仅铜鼓形象就有约20件，主要是平放于地上，说明这种铜鼓也可以不用悬挂而敲击。它在祭祀、礼乐、宴享等方面均被广泛使用。

三是铙、琴、瑟、筝和錞于等。铙主要见于北方，与楚地常见的乐器——钲类似。它们的共性都是呈倒置的钟状，下有长把，最初都是用手举着敲击。但从殷墟妇好墓所出土的五件一套的青铜编铙来看，当时的铙柄中尚装有木柄，铙的大小依次递减，说明它们是排在一起敲击的，其下当已有座。这种座上装有成排的木柱，铙即插于柱上来演奏。琴、瑟在南方较多见，尤其是瑟，目前已出土数十件，其中最大的瑟出自湖北当阳曹家岗五号春秋楚墓中。一件为漆瑟，长达210厘米，原系整木雕成，尾端浮雕变形兽面纹等，其余瑟面在朱漆地上彩绘螭鸟纹和勾连雷纹等。另一件木瑟未髹漆，长191厘米，形制与前者相同。亦用整木雕制而成。这两件巨瑟因形体过于长大而必须放于坐面之上。由瑟面高度可知（均接近 20 厘米），在当时席地而坐的情况下弹奏这种瑟是比较合适的。类似的巨瑟在河南信阳长台关楚墓中也发现多件，形体均在 1.8 米以上。其中 1 号墓还出有一件锦瑟，长约 1 米，在褐色漆之上用红、黄、紫彩等绘出人物、鸟兽等图案。此瑟与该墓所出的彩漆木案正好相配。这种陈设方式在汉代以后流行开来，琴的陈设也大致与此相似。筝本是一种竹制乐器，春秋以后改为木制。文献多记筝为秦将蒙恬改制而成，其实木筝实物在战国时期已相当成熟。如湖北枝江姚家港 2 号楚墓中就出有一筝，虽然残掉了一半，但形制还是相当清楚的，特别是与该筝同出的还有一件三足拱座形木筝架，对说明当时筝的陈设方式是十分难得的一处资料（见图 36f）。有关錞于的实物目前已发现数十件，时代自春秋至战国以后都有，分布主要在黄河以南。錞于一般呈倒置的壶形，顶部有钮，钮以虎形最常见，也有个别的桥钮、马钮等。其悬挂方式同磬、钟，多与鼓、钲配合使用。有关錞于和铜鼓挂在一起演奏的形象，我们在介绍云南滇墓贮贝器上的铜鼓时已经谈到。至于錞于单独悬挂演奏的情况在当时也很常见。

秦汉以后，钟、磬等大型礼乐重器已逐渐退出了历史舞台，其陈设情况仅见于少量画像和模型明器中（见 36g、h）。而继楚鼓发展而来的高架"建鼓"，在汉代却十分流行，据《后汉书·何并传》颜师古注："建鼓一名植鼓。建，立也，谓植木而悬鼓焉。"这种鼓的主要特点是下面有鼓座或鼓架，其上插以贯穿大鼓的中柱，柱端和鼓上附以旒（音 luí）苏（串饰类）、羽葆（羽毛顶盖）和鹭鸟等。其中部分建鼓的顶部和座架上还常悬有成对的小鼓，这种鼓应是《尔雅·释乐》中所说的"应鼓"，与大鼓配合使用（见图 36i、j、k、l）。魏晋以后，随着外来文化不断深入中原，许多"胡人"乐器为汉文化所吸收。其中鼓的种类也进一步增多，如羯鼓、长鼓、鸡娄鼓、答腊鼓等，这些鼓以轻便见长，形体小巧，除背在身上或手持拍击外，有的已采用竖向或交叉的三足支架，也有的在鼓下支以小型鼓座。这类鼓与传统的高座鼓在唐代以后均很流行，形成了乐器家族中的一大门类。如五代画家顾闳中的《韩熙载夜宴图》中就有在三足支架间悬一扁鼓的形象（见图 38d），该图中还有大型带座斜面鼓，其高度正适合站立擂击（见图 38i）。前蜀王建墓石雕乐伎图和白沙宋墓的大曲壁画中则分别有敲击带座小鼓和腰鼓的画面（见图 38e）。而交叉的三足支架鼓在宋元绘画和杂剧中更是屡见不鲜，与其类似的大架吊鼓则以内蒙古库伦旗 1 号辽墓壁画中所绘者最典型：五面大鼓呈梅花形同吊于五足支架下，支架髹漆，每一竿下缚一鼓，支架上端捆扎在一起，上飘彩带（见图 38f、h）。

在外来乐器中还有一种竖弦弹奏的"箜篌"（音 kōnghóu），亦称"坎侯"。其外形颇像弯弓或月牙，下面横出弦座，座与壁连以竖排的弦线。其产生当与弓弦有关，是骑射民族的一项发明。五代周文矩《宫

图38 唐代以后的乐器陈设示意

　　a. 五代《宫中图》的箜篌；b. 阿斯塔纳唐墓琴几和五弦琴；c. 元代摹绘《消夏图卷》的乐器陈设（示意）；d. 《韩熙载夜宴图》的扁鼓；e. 王建墓石棺线刻击鼓宫女；f. 宋金杂剧中的交足支架鼓；g. 《听琴图》；h. 辽壁画吊架鼓；i. 《韩熙载夜宴图》的高座鼓；j. 清代琴几（《三希堂画宝》）；k. 明代琴几；l、m. 闻喜县小罗庄金代砖雕壁画中的琴几与鼓凳；n. 明代带屏琴案

　　中图》中有仕女弹奏箜篌的形象（见图38a）。这种乐器因形体较大，弹奏时其前常支以台、凳类。

　　至于琴、瑟、筝三类乐器，秦汉以后皆相当流行。其形体结构和弹奏方式也都比较固定。如琴、瑟在席地弹奏时一般架于腿上或矮型几、案上。这种琴几在新疆吐鲁番阿斯塔纳唐墓中曾出土一件，其上放一五弦琴。由于该几系随葬明器，故形体较小，制作不甚规整。几面两端呈弧形，其间的台面上绘以分格式花鸟图案；几足一单一双，下有扁长形托座（见图38b）。五代以后，随着高足坐具的兴起，琴、筝类也相应地配有专用琴桌或台案等。如宋徽宗《听琴图》中的长方形琴桌就很典型，山西闻喜县金代砖雕壁画中也有在罗汉足的琴几上弹琴的形象（见图38g、l）。有关琴几、琴桌的形体结构，宋宗室赵希鹄《洞天清录集》中记载颇详："琴桌须作维摩样，庶案脚不碍人膝。连面高二尺八寸，可入膝于案下，而身向前。宜石面为第一，次用坚木厚为面，再三加灰漆，亦令厚，四脚令壮。更平不假拈极，则与石面无异。永州石案面固佳，然太薄，必须厚一寸半许，乃佳。若用木面，须二寸以上，若得大柏、大枣木，不用鳔合，以漆合之，尤妙。"这类琴桌、琴几到明清时期更为讲究。不仅长、宽、高的比例十分协调、合理（长宽之比近于3：1，高度比一般桌案稍矮，以便弹拨自如；但下面又不能妨碍膝部伸曲），而且结构简洁精细，线条挺劲流畅，展现出一种疏朗雅致的形体美（见图38j、k、n）。琴桌用材上除继承传统风格外，更多的是采用进口名贵硬木桌面以及当时流行的"郭山砖"桌面。据《格古要论》记载，郭山砖多呈灰白色，砖内中空，面上有象眼式花纹，相传"出河南郑州泥水中者绝佳，多有伪作者要当辩之。砖长仅五尺，阔一尺有余，此砖驾琴抚之有清声泠泠可爱。"从上述记载看，这种砖应为古墓所出，很可能为汉代空心砖。另外，为追求华贵精美的陈设而不惜采用嵌玛瑙石面、永石面、绿石（南阳石）面乃至戗金填彩的琴桌、琴几等也有不少，乐器本身的制作更是令人叫绝。如明嘉靖年间抄没大贪官严嵩家产时所列古今名琴就有："金徽玉轸断纹琴九张，金徽水晶轸足琴三张，龙形水晶轸足琴一张，月下水玉琴一张，咸通之宝琴一张，清庙之音琴一张，响泉琴一张，霜钟琴一张，清流激玉琴一张，玉壶冰琴一张，苍龙喷玉琴一张，一天秋琴一张，万壑松琴一张，寒玉琴一张，……以上古今名琴共五十四张。"由此可见当时的乐器及其陈设已日趋豪华、奢侈。

由于受西方机械工业发展的影响，明清时期还出现了一些进口及仿洋式乐器。这类乐器的最大特点是集观赏、娱乐和实用功能于一体，尤其是把定制音乐与计时钟表巧妙结合起来的八音盒、音乐钟（自鸣钟）等，以其计时准确的实用性、造型精美的艺术性和动作奇巧、音质优美的趣味性而得到上至皇帝，下至各级贵族官僚的极力推崇。这类音乐钟表在故宫钟表馆内陈设不少，如紫檀座西洋景式八音盒、广式錾胎珐琅"飞人献桃音乐钟"、铜镀金"白猿献桃音乐钟"、铜镀金"龙戏珠五子夺莲变字音乐钟"以及乾隆时期耗时五年方才做成的"彩漆描金楼阁式戏曲人物音乐钟"等。这些精巧玲珑的计时乐器通常陈设于宫廷内的休闲、起居和娱乐场所，一般是摆在条案、炕案或架几之上，其中有相当部分主要供皇帝后妃们玩赏，故在造型设计上极具匠心，各富情趣；装饰工艺上则讲求繁华富丽，新奇巧异。不惜使用各种名贵材料，采用各种复杂工艺技巧，以至于清代康熙以后宫廷音乐钟在世界上都享有盛名。

从不同时期的乐器陈设可以看出，以编钟、编磬为代表的传统乐器在汉代以前备受推崇，被统治者定为国乐、雅乐，成为礼乐制度的主要内容。但是到汉代以后，随着礼乐制度的破坏和胡乐的大量传入，钟、磬一类的大型编悬乐器开始逐渐被淘汰，只有纯为陈设性质的个别编钟、编磬类仍被作为一种礼仪形式摆放于统治阶级的宫廷中；而以形体小巧、使用方便为特点的竽、鼓、琴、箫、筝等，则愈来愈受到各阶层的普遍欢迎。尤其是鼓，它不仅在乐器发展史上历时最久、种类最多、分布最广，而且历来为不同阶层、不同民族所喜爱，成为一种雅俗共赏的音乐传播形式。自魏、晋至隋、唐，中国乐器的发展进入了黄金时代，传统乐器与外来乐器在开放的社会环境中不断交融和发展，乐器家族迅速壮大，各种乐器合奏的场面十分常见。这一时期的小型乐器名目繁多，种类已不下百种。五代以后，随着高足家具的兴起，乐器陈设也经历了一场深刻变革，与琴、筝、鼓等相配合的高足桌、几、台、座和支架等不断以新的形式出现，造型或高雅奇特、或简便实用，形成了丰富多彩的新局面。

 司马金龙墓漆画屏风

司马金龙墓是北魏琅玡王司马金龙与其妻姬辰的

合葬墓，位于山西大同市石家寨。该墓后室中出有部
分完整的一具彩漆屏风和四个雕刻精美的石质屏座。
残存的屏面由五块屏板拼成，屏板木胎，每块约长 80
厘米、宽 20 厘米、厚 2.5 厘米；屏面先通体髹红漆，
再用墨、黄、青、绿、白、橙红和灰蓝等油彩上下分
绘为四层画面，每层画面均有题记与榜书，书写时先
于红漆之上涂黄彩，再用墨勾出边界并作书。画面内
容主要为人物故事及有关的衣冠器具和辇舆等，表现
手法颇似东晋画家顾恺之的《女史箴图》，善用墨笔
勾轮廓，人物步态轻盈飘逸，衣纹近乎铁线描。其中
的坐榻形态仍承汉制，榻后与两侧多设有三面围屏。
而画中抬舆的箱体形式则与后来扶手靠背椅的上部造
型甚为一致，这对唐代以后西式椅的汉化改造或具有
一定的启示作用（见图 39）。

所出的四个石屏座（又称跌座）外形大致相同，
均是在方座之上雕一圆墩：方座以浅浮雕手法雕缠
枝忍冬纹和伎乐图案，有的在四角上还各雕一立体
伎乐童子；圆墩上以高浮雕手法雕出花牙形底托、
蟠龙纹腹身和覆莲形圆顶，顶部中间凿出柱洞。每
个屏座通高约 16.5 厘米，形体小巧，造型生动，原
应放于坐榻的四隅。由此推断原来彩漆屏风的形状
应为三面围屏，与漆屏上所绘"和帝□后""卫灵
公"及"灵公夫人"等画面中的坐榻围屏陈设相似
（见图 39）。按独坐式榻的一般形制计算，背面屏长
约在 120 厘米，侧面屏长约在 60 厘米，故所需屏板
共约十二块（现存屏板每块宽约 20 厘米），这与后

来文献中常常提到的"六牒"、"十二牒"曲屏应属同一系列。

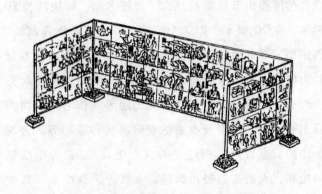

图39　司马金龙墓漆屏风想象复原图

屏风在战国以前就已出现，汉魏时期极为流行，西汉宫廷中就曾使用过精美华贵的云母屏风、琉璃屏风、雕镂屏风和杂玉龟甲屏风等。而更为常见的还是彩画漆屏风，即在漆木或绢帛的屏面上绘制各种颜色的图案、人物故事等，题材新颖别致，画面生动逼真。传三国时著名画家曹不兴为孙权画屏风时，"误落笔点素，因就成蝇状。权疑其真，以手弹之"（张彦远：《历代名画记》卷四《叙历代能画人名》）。而《古今注》卷下所记东吴人孙亮作琉璃屏风时，镂作瑞应图达120种。这类名贵豪华的屏风只有在宫廷和王侯贵族家中才能见到，每一件屏风的制作都要耗费大量的人力和财力。正因为司马金龙位高为王，财力雄厚，故在他的墓葬中才会有如此精美的漆画屏风。这从另一方面亦说明，原出于实用目的的屏风，到汉魏以后则逐渐发展为高档的艺术欣赏品和奢侈品,其陈设、装点性质已远大于它自身的实用性质。这一特点在战国时期就已变得比较突出,西汉时期进一步增强,魏晋以后则已成为屏风发展的主要形式。因此,司马金龙墓漆画屏风的发现,可以作为屏风全面走向艺术化、贵族化和装饰化的开端,它是现存最早、最完美的漆画屏风实物,在中国家具史和书画艺术史上都是十分难得的一件珍品。

明清屏、架、台的新形式

在琳琅满目的明清家具中,各种形式的屏风、架托、台座等亦发生了明显变化。与前代的同类家具相比,一是用料更为讲究,花梨、紫檀、乌木、红木等名贵木材在当时已比较常见,对木质纹理、色泽、硬度乃至香味等都有不同要求。二是做工极为精细,从设计、破料、做榫,到雕挖、打磨、攒接、上蜡等,各道工序一丝不苟,部件之间结合严密、计算精确。三是造型新颖别致,讲求整体的和谐流畅与细部的丰富变化,实用性与艺术性有机结合。四是装饰工艺由简练明快到华丽多变,不同的形体施以不同的装饰风格,其中运用较多的装饰手法有镶嵌、雕花、彩漆、雕漆和包贴金属饰件等,尤其是镶嵌的种类和雕刻形式更为丰富。

(1)屏风类。明清时期的屏风在传世实物和绘画作品中十分常见,大致说来有小型的座屏、大型的插屏及各种形式的折叠屏三大类。其最突出的变化是在屏面设计和装饰工艺上。模仿书法、绘画手法的名人诗词、山水花草、园林人物等屏面设计在这一时期极为盛行，有的是将书画直接嵌装在屏面上，有的则是以骨牙珠玉、金银螺钿等镶嵌成各种画面，还有的是采用了竹木雕刻、彩漆剔红等。

如南京博物院所藏的一件明清之际十二曲巨幅折叠屏，屏高 2.48 米、每扇屏宽 0.42 米，展开后总宽度超过 5 米。此屏选用上等杉木制作，在距上下端各 70 厘米处凿出横向通卯，穿以木条，形成上下两条暗穿带，用以防止屏板翘曲变形。屏面上端封以"抹头（镶边）"，下端以"挖堂"形式做出双腿和线脚。屏扇之间以铰链相连。装饰方法是通体以黑漆为地，正面以软螺钿镶嵌出整幅园林仕女图（又称"汉宫春晓图"），背面则采用雕漆手法刻出十二幅山水条屏，每屏的上下端还分别雕出博古文玩、花鸟虫鱼等。正背两面的制作工艺均极为精细，各具特色。如正面的园林仕女图重在突出宏大的建筑布局、雅致的园林景色和千姿百态的仕女游园、娱乐等画面，因此采用了华丽明美的"软螺钿加金银片"的平脱工艺，即在罩漆后以五彩缤纷的薄螺钿和金银片嵌贴成各种画面，然后再罩漆、磨光，从而形成如此精艳奇绝的大观园景色。而背面的山水条屏则采用雕漆填彩的做法，重在突出山水画的苍劲线条和笔法，色彩变化不多但对比强烈，极能衬托山水的雄伟气势。因此，这件巨幅屏风在用料、制作和装饰工艺等方面均可称得上明清屏风艺术的一项杰作。

再如北京故宫所藏的一件"象牙雕三羊开泰图插屏"，通高 60.1 厘米、屏高 46.6 厘米、宽 33.8 厘米。屏面以象牙雕出三名儿童骑羊玩耍的画面，其间缀以松、竹、梅、曲栏和水仙，三羊取开泰之意。紫檀屏座雕有绦环板和披水牙子，站牙下为拱形足座。此屏见于清内务府的档案记载。为雍正五年（1727 年）造办处"牙作"匠师制造。屏面特点明显有雕竹、百宝嵌工艺的影响。

（2）架子类。这里所说的架子不包括陈放博古文玩的多宝格以及书架等（它们往往加以屉柜，故归入了柜格类），而是主要指衣架、巾帽架、盆架、花架以及乐器架、镜架、鸟架等。其中的高足香几、花几等有人也归入架台类，我们按功能和习惯称谓仍归入几类。

明清衣架的造型普遍宽大疏朗，以小件木料雕制、攒接的中牌子（上下横枨之间的牌匾式棂格）很流行，并在座上施站牙、角端施托牙、云头等；用料较前代更为考究，做工更加精细，装饰手法亦比较多变。如《中国花梨家具图考》中收录的两件黄花梨木衣架，大小尺寸相当接近，制作上已有一定的成式。但细部结构又各具特色。其中一件为"凤纹雕花衣架"，通高168.5 厘米、顶部长度 176 厘米、脚宽 47.5 厘米，底座雕成下翻的拱形云头状足，里外均浮雕回纹，座上立柱，并在前后用透雕卷草花纹的站牙抵夹。站牙上下分别以榫卯形式与立柱和足座连接。足座间安装用小块木料纵横组成的棂格，不但使下部连接牢固，而且棂格具有一定宽度，可以用来摆放鞋子等物。再向上的立柱间安装横枨和由三块透雕凤纹绦环板组成的中牌子，图案雕刻整齐优美，其与立柱相接处有透雕拐子花牙承托。顶上的搭脑，两端出头，并以立体圆雕翻卷的花叶收住，里外两侧都有拐子纹花牙。整件器物，从选材、设计，到制作雕饰，均具有很高的艺术水平，堪称明式衣架的代表作（见图40a）。另一件为"菱花双环纹衣架"。长、高与前者相差均在2厘米之内，构件更注重圆润流畅的特点，造型和装饰更为简练明快，亦为明式家具的典型风格。

　　巾帽架在明清时期不多，一般仕宦人家才有，其形制以小巧见长，有的则比较随意，部分小型衣架也可作巾架用，如上海博物馆所藏的一件十字形巾架就很有特点，足座由四扇扁鼓形墩子组成十字座，中间插一直柱，柱顶置一横杆，杆端有上卷的云头形搭脑，横杆与柱的交接处置一角枨，通体涂黑彩。虽系明器，但造型特点与实物无异。帽架的形体一般较矮，下部常做成圆座或十字座，中插立柱，柱上置扁球状或蘑菇状帽托。传世的明清帽架均相当精致。如北京故宫所藏的"贴黄嵌染牙冠架"与"象牙雕圆座宝顶式冠架"等，都是皇家冠架的精品杰作。其中的贴黄嵌染牙冠架设计新颖，冠架顶托呈镂空蘑菇状，外贴竹黄，顶托内可放薰香；支架作三牙枨向心共托式，其上髹金漆、嵌染牙，牙枨均落在一圆形托泥之上，整体造型秀雅别致，做工格外精美华贵。

　　盆架（又称面架）在明清时期发展到了顶峰，做

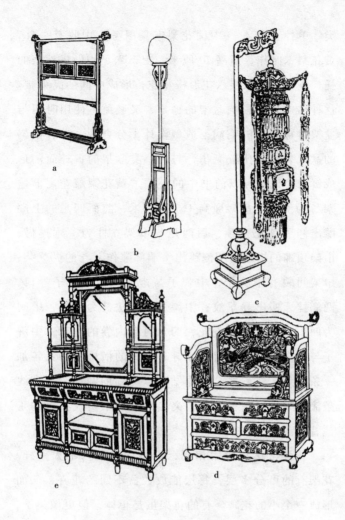

图 40 明清衣架、灯台与梳妆台示意

a. 明式衣架；b. 明式灯台；c. 明式灯台；d. 明式梳妆台；e. 清式梳妆台

工、造型和装饰工艺均形成了自身特色。基本形体主要于方、圆之间取舍，腿足四至六足不等，其中又可分为单体盆架以及盆架与巾架相结合的复合盆架两大类。单体盆架在《中国花梨家具图考》中收有一件，黄花梨木制作，通高 70 厘米。上下六足均做成外张的托、座，并以双层六花形枨相连，形成中间的高束腰。这种结构既不影响盆架的稳定，又避免了使用时腿与盆架时常相碰的毛病，造型设计十分合理。带有巾架的盆架装饰多比较豪华，与前一类盆架的古朴简洁形成鲜明对比。再以前书中的一件"黄花梨雕花高面盆架"为例，此盆架通高 167.5 厘米，前面四足的上端雕出仰覆莲花宝顶，后两足与巾架立柱为一木连做；巾架顶部的搭脑向两侧跳出，端部雕作上卷的灵芝朵；巾架间装有中牌子，中牌子与搭脑间做成牙子券口，两侧挂牙镂出卷草纹；中牌子的做法甚为精湛，中间为四簇云头组成的菱花，四角衬以内卷的角牙；中牌子与衬枨之下均雕有披水牙，盆托的横枨之下又各加一条托角牙式斜枨。整体结构以挺劲的圆材为主，线条流畅光洁，高雅别致，突出地反映了明式家具的工艺特色。

花架与花几功用相同，只是形体结构不太一样。花架有的可分多层，每层能放数盆不同的花卉，从而形成一个小的花圃。有的花架虽是单体，但更像架子，其中一种如同高束腰的盆架，放上花盆后显得十分舒展优雅。另外还有一种带托泥的高机式花架（又称架几、花台），它在明清时期曾一度流行，造型比较古朴、方正，立柱多采用方料，台面平齐无束腰，托泥有接地式的，也有托泥下附矮足的；有的花架中间还别出一层，与架几式案的架几颇为相近。至于乐器架，明清时期并没有太多的变化，除各种琴几以外，鼓座架、钟、磬架等基本上继承了传统形式。

镜架多与梳妆台合用，单用的镜架一般都小，结构也比较简单。但在镜架精品中也有形体稍大的。如现藏台湾故宫的一件清代折叠式银镜架，通体作交椅状，托首与出头处均雕成银树或灵芝，"靠背"中心嵌一蟠龙镜，其外衬云头角牙，上部透雕双凤朝阳，两侧对称分布有缠枝牡丹和如意菱花；交足前侧有一可上下起合的银镜，镜背雕有六瓣花纹图案等；下部交足间还有类似方镜的镜托，亦可上下起合。此镜架设计精巧，工艺高超，堪称明清家具的一件杰作。

关于鸟架的传世实物不多，但在明清绘画中经常见到。如《三希堂画宝》《集古名公画式》等均有不同鸟架的形象。

（3）台座类。这类家具的含义很广，涉及的用物较杂，习惯称呼亦颇为不同（如各种柜台、案台、踏台、花台、香台以及炉座、盆托、承盘，等等，名称很不严格），因为单以名称和功能很难将这些家具区别开来，故在划分时尽量把与其他家具挂靠不上的灯台（蜡台）、镜台、梳妆台以及非专用的托座等独立出来。

灯台的造型一般比较细高，常见形式为圆墩座或十字座上树一立柱，座与立柱间施以雕花高站牙，柱顶施圆台式灯托，托下施挂牙。另有一些灯台的制作更为精巧：如将灯柱插于可升降的"冉"字形座架中间，通过机械作用来调节灯台的高度，使光照适合不同的需要（见图40b）；还有的是将灯台设计成可悬挂的吊灯或是鹤形灯，既美观又实用（见图40c）。

镜台与梳妆台皆为化妆用具，一般置于内室，前者多与后者配合使用。不少梳妆台都是多功能的，即除了放镜以外还可以放梳篦、脂粉和包带等。如《明式家具珍赏》中就著录了一件折叠式梳妆台：台呈正方体、边长49厘米、支起高度60厘米、放平高度25.5厘米。台面中心的方格中雕作菱花形，其下有镜托，周围条格中分别雕一夔龙；台体正面开两门，门内设屉，用来盛放镜子、梳篦和脂粉等，功能十分齐全；台下有四矮足，足下做成内翻的马蹄。此梳妆台结构合理，携带方便，使用时将台面支起，把镜子放于镜托上，梳妆用品可随时从下面的小屉中取出；用完后可把镜子等物归入屉中，再将台面放下，便又成为一个小箱子。这种精巧的梳妆台早在宋代就已出现（江苏武进南宋墓），明清时期则更为精美华贵。其中具有代表性的还有一种宝座式梳妆台，即台体如同宝座，座下设屉，座面用以梳妆。"靠背"上置镜，其高者可达七八十厘米以上（见图40d、e）。这种结构还明显影响了清式靠背椅的制作（如不少椅背中心设计成圆镜形，并嵌以玉璧云石等）。

所谓非专用的托座，是指所承托的器物并非一种，而且托座本身的形制也不是十分固定。从这个意义上讲，庭院中用于承托日用器皿的木、石、瓷台、架托等皆属于此类。它们根据所放器皿的大小、形体而作相应的选择，或高或矮，或方或圆，有时放甲，有时放乙，使用起来十分方便。而室内用于承托火炉、火盆、烧壶的架托、文玩古董之下的雅座以及桌案之上用来置放各种随用之物的承盘等亦可归入此类。

从明清时期屏、架、台类的使用情况来看，它们的绝大部分只在条件较好的家庭中才能见到，尤其是用料好、做工细的精品，更非一般家庭所能用。这说明在当时的历史条件下，上述几类家具还多属于高档的奢侈品，普通家庭所有的只是简单的台架（座）、托座等少数几种，使用起来并没有过多的讲究，而是更注重简便实用，与上层社会的浮华虚荣形成了鲜明对比。

后　记

　　中国家具以其悠久的历史、典雅的造型和独具特色的制作工艺闻名于世。尤其是明清家具，经过几代学者的潜心搜集和研究，如今已赢得了世界很多国家的青睐，形成了空前的中国家具热。明清家具的繁荣是同中国古老家具发展史的积聚分不开的。在以席地而坐为特点的封建社会前期，几、席、案、床、榻等矮式家具都曾走过了辉煌的历程。只是随着垂足而坐生活方式的出现，传统家具以及桌、椅、凳之类的高足家具才在新的环境中以新的姿态获得了飞速发展。由此可以看出，在中国家具史上，因不同的起居方式而形成了家具发展的两个繁荣时期。这就是以汉代家具为代表的前古典家具和以明清家具为代表的后古典家具。本书的写作动机之一，便是力图将我国家具发展的基本面貌揭示出来，以期对不同时期的家具特点能有一个比较全面的了解。

　　本书明清部分的资料搜集工作曾得到杨辉同志的大力协助，在此深表谢意。

《中国史话》总目录

系列名	序号	书名	作者	
物质文明系列（10种）	1	农业科技史话	李根蟠	
	2	水利史话	郭松义	
	3	蚕桑丝绸史话	刘克祥	
	4	棉麻纺织史话	刘克祥	
	5	火器史话	王育成	
	6	造纸史话	张大伟	曹江红
	7	印刷史话	罗仲辉	
	8	矿冶史话	唐际根	
	9	医学史话	朱建平	黄　健
	10	计量史话	关增建	
物化历史系列（28种）	11	长江史话	卫家雄	华林甫
	12	黄河史话	辛德勇	
	13	运河史话	付崇兰	
	14	长城史话	叶小燕	
	15	城市史话	付崇兰	
	16	七大古都史话	李遇春	陈良伟
	17	民居建筑史话	白云翔	
	18	宫殿建筑史话	杨鸿勋	
	19	故宫史话	姜舜源	
	20	园林史话	杨鸿勋	
	21	圆明园史话	吴伯娅	
	22	石窟寺史话	常　青	
	23	古塔史话	刘祚臣	
	24	寺观史话	陈可畏	

系列名	序号	书名	作者	
物化历史系列（28种）	25	陵寝史话	刘庆柱	李毓芳
	26	敦煌史话	杨宝玉	
	27	孔庙史话	曲英杰	
	28	甲骨文史话	张利军	
	29	金文史话	杜勇	周宝宏
	30	石器史话	李宗山	
	31	石刻史话	赵超	
	32	古玉史话	卢兆荫	
	33	青铜器史话	曹淑琴	殷玮璋
	34	简牍史话	王子今	赵宠亮
	35	陶瓷史话	谢端琚	马文宽
	36	玻璃器史话	安家瑶	
	37	家具史话	李宗山	
	38	文房四宝史话	李雪梅	安久亮
制度、名物与史事沿革系列（20种）	39	中国早期国家史话	王和	
	40	中华民族史话	陈琳国	陈群
	41	官制史话	谢保成	
	42	宰相史话	刘晖春	
	43	监察史话	王正	
	44	科举史话	李尚英	
	45	状元史话	宋元强	
	46	学校史话	樊克政	
	47	书院史话	樊克政	
	48	赋役制度史话	徐东升	

系列名	序号	书名	作者		
制度、名物与史事沿革系列（20种）	49	军制史话	刘昭祥　王晓卫		
	50	兵器史话	杨　毅　杨　泓		
	51	名战史话	黄朴民		
	52	屯田史话	张印栋		
	53	商业史话	吴　慧		
	54	货币史话	刘精诚　李祖德		
	55	宫廷政治史话	任士英		
	56	变法史话	王子今		
	57	和亲史话	宋　超		
	58	海疆开发史话	安　京		
交通与交流系列（13种）	59	丝绸之路史话	孟凡人		
	60	海上丝路史话	杜　瑜		
	61	漕运史话	江太新　苏金玉		
	62	驿道史话	王子今		
	63	旅行史话	黄石林		
	64	航海史话	王　杰　李宝民　王　莉		
	65	交通工具史话	郑若葵		
	66	中西交流史话	张国刚		
	67	满汉文化交流史话	定宜庄		
	68	汉藏文化交流史话	刘　忠		
	69	蒙藏文化交流史话	丁守璞　杨恩洪		
	70	中日文化交流史话	冯佐哲		
	71	中国阿拉伯文化交流史话	宋　岘		

系列名	序号	书名	作者
思想学术系列（21种）	72	文明起源史话	杜金鹏　焦天龙
	73	汉字史话	郭小武
	74	天文学史话	冯　时
	75	地理学史话	杜　瑜
	76	儒家史话	孙开泰
	77	法家史话	孙开泰
	78	兵家史话	王晓卫
	79	玄学史话	张齐明
	80	道教史话	王　卡
	81	佛教史话	魏道儒
	82	中国基督教史话	王美秀
	83	民间信仰史话	侯　杰　王小蕾
	84	训诂学史话	周信炎
	85	帛书史话	陈松长
	86	四书五经史话	黄鸿春
	87	史学史话	谢保成
	88	哲学史话	谷　方
	89	方志史话	卫家雄
	90	考古学史话	朱乃诚
	91	物理学史话	王　冰
	92	地图史话	朱玲玲

系列名	序号	书　名	作　者	
文学艺术系列（8种）	93	书法史话	朱守道	
	94	绘画史话	李福顺	
	95	诗歌史话	陶文鹏	
	96	散文史话	郑永晓	
	97	音韵史话	张惠英	
	98	戏曲史话	王卫民	
	99	小说史话	周中明	吴家荣
	100	杂技史话	崔乐泉	
社会风俗系列（13种）	101	宗族史话	冯尔康	阎爱民
	102	家庭史话	张国刚	
	103	婚姻史话	张　涛	项永琴
	104	礼俗史话	王贵民	
	105	节俗史话	韩养民	郭兴文
	106	饮食史话	王仁湘	
	107	饮茶史话	王仁湘	杨焕新
	108	饮酒史话	袁立泽	
	109	服饰史话	赵连赏	
	110	体育史话	崔乐泉	
	111	养生史话	罗时铭	
	112	收藏史话	李雪梅	
	113	丧葬史话	张捷夫	

系列名	序 号	书 名	作 者	
近代政治史系列（28种）	114	鸦片战争史话	朱谐汉	
	115	太平天国史话	张远鹏	
	116	洋务运动史话	丁贤俊	
	117	甲午战争史话	寇 伟	
	118	戊戌维新运动史话	刘悦斌	
	119	义和团史话	卞修跃	
	120	辛亥革命史话	张海鹏	邓红洲
	121	五四运动史话	常丕军	
	122	北洋政府史话	潘 荣	魏又行
	123	国民政府史话	郑则民	
	124	十年内战史话	贾 维	
	125	中华苏维埃史话	杨丽琼	刘 强
	126	西安事变史话	李义彬	
	127	抗日战争史话	荣维木	
	128	陕甘宁边区政府史话	刘东社	刘全娥
	129	解放战争史话	朱宗震	汪朝光
	130	革命根据地史话	马洪武	王明生
	131	中国人民解放军史话	荣维木	
	132	宪政史话	徐辉琪	付建成
	133	工人运动史话	唐玉良	高爱娣
	134	农民运动史话	方之光	龚 云
	135	青年运动史话	郭贵儒	
	136	妇女运动史话	刘 红	刘光永
	137	土地改革史话	董志凯	陈廷煊
	138	买办史话	潘君祥	顾柏荣
	139	四大家族史话	江绍贞	
	140	汪伪政权史话	闻少华	
	141	伪满洲国史话	齐福霖	

系列名	序号	书名	作者
近代经济生活系列（17种）	142	人口史话	姜 涛
	143	禁烟史话	王宏斌
	144	海关史话	陈霞飞 蔡渭洲
	145	铁路史话	龚 云
	146	矿业史话	纪 辛
	147	航运史话	张后铨
	148	邮政史话	修晓波
	149	金融史话	陈争平
	150	通货膨胀史话	郑起东
	151	外债史话	陈争平
	152	商会史话	虞和平
	153	农业改进史话	章 楷
	154	民族工业发展史话	徐建生
	155	灾荒史话	刘仰东 夏明方
	156	流民史话	池子华
	157	秘密社会史话	刘才赋
	158	旗人史话	刘小萌
近代中外关系系列（13种）	159	西洋器物传入中国史话	隋元芬
	160	中外不平等条约史话	李育民
	161	开埠史话	杜 语
	162	教案史话	夏春涛
	163	中英关系史话	孙 庆

系列名	序号	书　名	作　者	
近代中外关系系列（13种）	164	中法关系史话	葛夫平	
	165	中德关系史话	杜继东	
	166	中日关系史话	王建朗	
	167	中美关系史话	陶文钊	
	168	中俄关系史话	薛衔天	
	169	中苏关系史话	黄纪莲	
	170	华侨史话	陈　民	任贵祥
	171	华工史话	董丛林	
近代精神文化系列（18种）	172	政治思想史话	朱志敏	
	173	伦理道德史话	马　勇	
	174	启蒙思潮史话	彭平一	
	175	三民主义史话	贺　渊	
	176	社会主义思潮史话	张　武　张艳国	喻承久
	177	无政府主义思潮史话	汤庭芬	
	178	教育史话	朱从兵	
	179	大学史话	金以林	
	180	留学史话	刘志强	张学继
	181	法制史话	李　力	
	182	报刊史话	李仲明	
	183	出版史话	刘俐娜	
	184	科学技术史话	姜　超	

系列名	序号	书名	作者
近代精神文化系列（18种）	185	翻译史话	王晓丹
	186	美术史话	龚产兴
	187	音乐史话	梁茂春
	188	电影史话	孙立峰
	189	话剧史话	梁淑安
近代区域文化系列（11种）	190	北京史话	果鸿孝
	191	上海史话	马学强　宋钻友
	192	天津史话	罗澍伟
	193	广州史话	张苹　张磊
	194	武汉史话	皮明麻　郑自来
	195	重庆史话	隗瀛涛　沈松平
	196	新疆史话	王建民
	197	西藏史话	徐志民
	198	香港史话	刘蜀永
	199	澳门史话	邓开颂　陆晓敏　杨仁飞
	200	台湾史话	程朝云

《中国史话》主要编辑
出版发行人

总　策　划	谢寿光	王　正	
执行策划	杨　群	徐思彦	宋月华
	梁艳玲	刘晖春	张国春
统　　筹	黄　丹	宋淑洁	
设计总监	孙元明		
市场推广	蔡继辉	刘德顺	李丽丽
责任印制	岳　阳